KB119642

시보다 좋은
엄마의 말은
없습니다

일러두기

• 이 책에 수록된 국내 작품들은 모두 저작권 사용 허가를 승인 받았습니다.
• 「답설야」, 외국 작품들은 저자가 직접 원문을 해석, 번역하여 수록했음을 밝힙니다.

아이의 자존감과 두뇌력을 동시에 길러주는
질문하고 대화하는 시 읽기

시보다 좋은
엄마의 말은
없습니다

김종원 지음

위즈덤하우스

시 한 편으로 아이에게 사랑을 전하는
부모의 새로운 말 공부

무엇을 보고 배우든, 쉽고 빠르게 자신의 것으로 만드는 아이가 있습니다. 그리고 놀랍게도 그 아이들은 스스로 배운 것을 다른 분야로 근사하게 확장까지 합니다. 대체 어떤 비결이 있는 걸까요? 지난 20년 이상 연구하며 저는 '부모의 말'이라는 근사한 답을 찾았답니다. 부모의 언어 수준이 결국 아이의 언어 수준을 결정한다는 이야기는 수많은 책들을 통해 입증이 되었지요. 저는 보다 더 새로운 부모의 언어, 아이의 두뇌력과 자존감을 다양한 모양으로 키울 수 있는 부모의 언어로 '시'를 제안하고자 합니다.

이미 지나간 산업 혁명의 재료는 '공업'과 '산업'이었지만, 이제 아이가 살아갈 정보 혁명의 시대는 '교양'과 '정보'가 하나가 되어 만들어내는 복잡한 비즈니스 모델에 의해 진행되지요. 그 시대를 선도하기 위해서는 철학, 문화, 역사, 예술 등의 교양과 풍부한 상상력이 필요합니다. 이 자질들은 학원이나 과외가 아닌, 시인의 언어 속에 모두 어우러져 있지요. 부모와 아이가 함께 시를 읽고, 질문하고 대화하는 것만으로도 충분한 변화를 경험할 수 있습니다.

시는 '언어'라는 재료로 지은 집입니다. 시를 읽고 분해하는 시간을 통해, 아이는 자신 안에 존재하는 언어의 크기와 범위를 넓혀 아직 배우지 않은 것을 스스로 깨닫게 되고요. 더 나아가 경험하지 못한 것을 저절로 짐작할 수 있게 됩니다. 시를 통해 배움의 자세를 배운 아이들은 억지로 암기하지 않아도 지식을 깨닫는 원리를 터득하게 되고, 지도가 없어도 자신이 원하는 공간을 찾고 느낄 수 있습니다. 가만히 앉아있어도 세계 곳곳의 사람들과 어울려 이야기를 나누는 듯한 기분을 만끽하게 되지요. 드라마에서나 일어나는 기적이 아닙니다. 이 책에서 제안하는 '질문하고 대화하는 시 읽기'로 쉽게 이룰 수 있는 꿈입니다.

아이를 교육하는 방식과 과정의 핵심은 단순한 지식의 확장에 있는 것이 아니라, 탄탄한 내면을 바탕으로 아이가 직접 원하는 것을 쌓아 올리는 과정에 있습니다. 참된 교육은 아이 스스로 무언가를 배우게 만들고, 탄탄한 내면에서 나오는 순수한 힘으로 사물의 본질과 핵심을 깨우치게 하지요. 제가 오랫동안 사색하며 가려 뽑은 스물 여덟 편의 시들을 부모가 아이에게 읽어주기만 하면, 아이는 굳이 다른 것을 억지로 공부할 필요가 없습니다. 시 안에 배움의 원리, 인생의 아름다운 가치들이 전부 녹아 있기 때문입니다.

아이에게 시를 읽는 법을 가르쳐주세요. 아이는 세상을 살아갈 방법을 스스로 깨우치게 될 것입니다. 시는 아이들 내면에 지성의 씨앗을 심어주는 역할을 하는 게 아니라, 이미 존재하는 지성의 씨앗들을 자라게 해줍니다. 아이 내면에는 이미 모든 것이 충분히 갖춰져 있습니다. 그저 시가 안내하는 대로 읽고 질문하고 탐구하면 모든 것은 아이의 것이 됩니다.

이성과 감성이 하나로 조화를 이룰 때 아이의 지성은 빛이 나며 가치를 발산합니다. 기억해주세요. 아이는 단순히 시를 읽고 질문하는 것이 아니라, '앞으로 인생을 살아갈 자본'을 쌓고 있는 것입니다. 진정한 교육은 아이가 모르는 것을 가르치는 것이 아니라, 자신이 무엇을 알고 싶은지 호기심을 느끼도록 도와주지요. 스스로 지적 호기심을 일으킨 아이는 내면의 힘을 깨닫게 되며 몰입과 관찰, 탐구를 통해 '창조력'과 '뛰어난 두뇌'라는 선물을 스스로 자신에게 허락하게 됩니다. 그래서 아이에게 시를 소개하는 것은 '자신의 삶의 한가운데에 온전히 자리 잡을 수 있는 길'을 보여주는 것과 같습니다. 아이들 생활 속에 자연스럽게 시가 스며들 수 있다면, 그 이후에는 아이와 부모 모두에게 기적 같은 변화가 시작될 것입니다.

예를 들어 한 아이가 등산을 하다가 계곡에서 흐르는 물을 발견하고 이렇게 외칩니다.

"에이, 이 물은 마실 정도로 깨끗하지 않네."

이렇게 말하고 돌아서면 남는 것이 하나도 없습니다. 하지만 같은 상황에서도 부정하며 돌아서는 아이와 달리 새로운 시선으로 말하는 아이가 있습니다.

"물이 맑으면 마시면 되고, 물이 흐리면 발을 씻으면 되지."

마치 시처럼 아름답게 느껴지는 말입니다. 상황과 대상에게 긍정적인 가치를 부여하며 자기 삶을 어제보다 더 낫게 만드는 아이는 세상을 바라보는 시각이 남다릅니다. 자연의 흐름과 세상의 이치를 단숨에 깨달은 아이가 되는 것이지요. 그렇게 아이는 시를 통해 머릿속과 마음속에 있는 재료들을 모두 활용하며, 대상에 가치를 부여하는 시선의 힘을 갖게 됩니다. 하나의 나뭇잎이 흔들릴 때, 이 세상 곳곳에서 흔들리는 모든 것의 움직임을 짐작할 수 있지요. 이것이 바로 아이의 '통찰력'입니다. 통찰한 아이는 실천의 단계로 자연스럽게 나아갑니다.

모든 아이들의 등 뒤에는 날개가 있습니다. 부모가 해야 할 일은 아이가 자유롭게 날개를 펼칠 수 있도록 시를 들려주며 비상의 용기를 심어주는 것입니다. 아이가 자신의 가능성을 높게 펼칠 수 있게, 지금 시를 곁에 두게 해주세요.

그리고 부모는 자기 자신을 더 믿어야 합니다. 부모는 아이가 세상에 모습을 드러내기 전부터 아이를 사랑한, 이 세상의 유일한 사람입니다. 아이를 보기도 전에 믿고, 만나기도 전에 사랑한 사람이죠. 다시 말하면, 부모는 아이를 위한 시를 평생 써온 사람입니다.

　수많은 상상 속에서 부모는 아이를 향한 사랑의 언어로 빚은 시를 씁니다. '우리 아이가 세상에 나오면 어떤 옷을 입히면 좋을까?'라는 기분 좋은 생각을 하며 옷을 고를 때도, '아마 나를 닮아서 발가락도 길고 귀도 큼직하게 잘 생겼겠지?'라는 생각으로 하루를 모두 보낼 때도 당신은 세상에서 가장 아름다운 시를 썼지요. 이것이 끝이 아닙니다. 아이가 세상에 나와 처음 당신을 바라보며 해맑게 웃었을 때도, 귀여운 몸짓으로 뒤뚱뒤뚱 조심스럽게 걸어와 처음 당신에게 사뿐히 안겼을 때도, 초등학교에 등교하는 첫날 아이의 뒷모습을 보면서도 당신은 마음속으로 아이만을 위한 시를 썼습니다.

　물론 좋을 때만 시를 쓴 것은 아니겠지요. 걷다가 넘어져 울면서 달려오는 아이의 아픈 표정을 볼 때도, 마음은 그렇지 않은데 괜히 화를 내서 아이 마음에 상처를 준 날에도 당신은 아이만을 위한 시를 썼습니다. 당신이 부모로서 살아온 날들이 곧 아이를 위해 시를 써온 시간입니다. 그러므로 시보다 좋은 부모의 말은 없습니다. 부모의 시는 아이라는 한 사람만을 위해 당신이 평생 쓰며 공들여 준비한 말이니까요. 아이를 사랑하는 당신의 마음을 굳게 믿고 시작하세요.

　　"아이는 부모가 전하는 모든 메시지를
　　　자신의 내면에 담습니다.

부모가 사랑을 말하면 아이는 사랑을 배우고,

부모가 미움을 전하면 아이는 미움을 배웁니다.

아이가 어떤 가치를 배우며 자라기를 바라나요?

어떤 마음들이 아이의 내면에 담기기를 바라나요?

지금 당신의 메시지를 사랑하는 아이에게 전해주세요.

오늘 아이가 맞이한 하루는

지금까지 부모가 보여준 언어의 합입니다."

차례

1부

내면의 힘과 자존감을 길러주는 용기의 언어

2부

세상을 바라보는 안목을 넓혀주는 지혜의 언어

3부

사고력과 표현력을 키워주는
통찰의 언어

4부

긍정의 힘을 알려주는
사랑의 언어

1부

내면의 힘과
자존감을 길러주는
용기의 언어

상대방의 마음을
헤아리는
공감력 기르기

삼학년

박성우

미숫가루를 실컷 먹고 싶었다
부엌 찬장에서 미숫가루통 훔쳐다가
동네 우물에 부었다
사카린이랑 슈거도 몽땅 털어넣었다
두레박을 들었다 놓았다 하며 미숫가루 저었다

뺨따귀를 첨으로 맞았다

상대방의 마음에 접속하는 상황 만들기

먼저 아이가 시의 주인공인 3학년 친구의 마음에 접속할 수 있는 상황 (접점)을 만드는 것이 중요합니다. 먹을 것이 충분하지 않았던 옛날, 미숫가루를 실컷 먹고 싶었던 마음을 이해할 수 있게 해주세요. "밥이 없으면 빵을 먹으면 되지 않을까?" "미숫가루가 없으면 콜라를 마시면 되잖아?"와 같은 질문을 할 수도 있습니다. 아이들은 과거에 가난했던 시절에 대해서 잘 모르니까요.

먼저 차근차근 그 시절에 대해서 설명해주세요. 그리고 혹시 미숫가루가 뭔지 모를 수도 있으니, 아이가 가장 좋아하는 음료수로 설명하는 것도 좋습니다.

"만약 네가 좋아하는 딸기우유 한 방울을
2리터 생수통에 넣자마자,
생수가 바로 딸기우유로 바뀐다면 기분이 어떨까?
정말 행복하겠지?
그게 바로 지금 이 친구의 마음이야."

우물을 생수통으로, 미숫가루를 딸기우유로, 아이가 잘 이해할 수 있는 단어로 바꿔서 설명해주는 거죠. 그렇게 우물에 슈거와 사카린,

미숫가루를 넣어 섞으며 기분 좋은 상상을 했던 3학년 친구의 마음이 어땠을지 상상하게 해주세요.

아이가 원하는 위로의 표현은 무엇일까?

누구나 이 시를 한 번만 읽어보면 쉽게 알 수 있습니다. 이 시에서 가장 큰 충격이자 웃음을 주는 지점은 마지막 행에 나오는 '뺨따귀를 첨으로 맞았다'라는 부분이죠. 세상에 이렇게 재미있는 따귀가 또 있을까요? 시를 읽으며 간접적으로 경험하는 우리에게는 그저 웃음이 나는 상황이지만, 시 속 아이에게는 죽을 때까지 잊지 못할 최악의 순간일 수도 있습니다. 그렇게 바랐던 미숫가루도 완성되지 않았고, 사랑하는 사람에게 태어나 처음으로 뺨까지 맞았으니까요. 아이 입장을 생각할 필요가 있습니다. 힘든 아이를 더 힘들게 만든 거라고 볼 수 있으니까요. 시의 주인공에게 질문할 수는 없으니, 아이에게 한번 질문해보세요.

"네가 만약 저 아이라면 엄마, 아빠에게
 어떤 말을 듣고 싶었을까?"
"어떤 말이 아픈 네 마음을
 따뜻하게 위로할 수 있었을까?"

이 질문을 통해 평소 아이가 부모에게 원하는 위로의 표현이 무엇인지 생생하게 알 수 있습니다. 시를 통해서 아이 마음에 숨겨져 있던 내면의 언어를 꺼낼 수 있는 것이지요. 서로의 공감대를 형성하고 측정하기 위한 매우 중요한 지점입니다.

아이를 성장시키는 말은 평가가 아닌 감탄의 언어

"시 속 아이는 왜 우물에 미숫가루를 넣는
   무리한 방법을 선택했던 걸까?"

아이에게 한번 그대로 질문해보세요. 그럼 생각지도 못한 놀라운 답변을 내놓을 수도 있습니다. 아이들의 생각은 언제나 상상 이상을 보여주니까요. "부모님에게 자신도 무언가를 할 수 있다는 인정을 받고 싶어서." "미숫가루를 많이 만들어서 엄마, 아빠랑 실컷 나눠서 마시는 모습을 상상했어."라는 어른스러운 답변이 나올 수도 있습니다. 아이의 창의력은 질문을 통해 더하기가 아닌 곱하기 방식으로 진화하고 확장합니다. 이때 만약 부모님이 경탄한 눈빛으로 이렇게 말할 수 있다면 어떨까요?

"너, 참 생각이 깊구나.

 어쩌면 그런 멋진 생각을 했니?"

"시에 등장하는 친구의 마음을 아주 깊게 이해했구나.

 너의 상상력과 이해심은

 앞으로 많은 사람들의 처지와 어려움을

 너그럽게 감싸줄 수 있을 거야."

이런 부모의 말을 들은 아이의 미래는 어떤 식으로 바뀔까요? 더 깊이 생각하고 상대방을 더 많이 이해할 수 있는 멋진 사람으로 성장할 겁니다.

평소에 아주 작은 문제라도 아이와 함께 대화를 통해 이야기를 나눠보세요. 이때 중요한 것은 아이가 내놓은 답변의 수준을 평가하려는 마음을 버려야 한다는 사실입니다. 평가는 좋은 수단이 아닙니다. 그저 좋은 마음을 전하고 싶다는 눈빛으로 바라봐주세요. 그런 시간을 통해 아무리 책을 읽고 강연을 들어도 도저히 찾아낼 수 없었던, 아이의 내면을 탄탄하게 만드는 언어의 비밀을 발견할 수 있을 테니까요.

욕심이 날 때 마음을 어떻게 다스리면 좋을까?

그럼에도 우물에 미숫가루를 넣은 아이의 행동은 올바른 선택은 아니었지요. 목적이 아무리 아름다워도 여러 명이 함께 마셔야 하는 우물을 당분간 쓰지 못하게 만들었으니까요. 아이들은 늘 갖고 싶은 물건이나 보고 싶은 영상이 있으면 참지 못하고 당장 그것을 가지려고 합니다. 그러나 이 시를 통해 아이는 일상에서 당장 가지고 싶은 것에 대한 욕망과 욕심을 제어하고 지혜로운 선택을 하는 것이 얼마나 중요한지 알게 됩니다.

이제 질문으로 그것을 현실에서 실천할 방안을 스스로 찾을 수 있게 도와주세요. 아래와 같은 단계로 질문을 반복해서 던지면 자연스럽게 아이의 생각을 자극할 수 있습니다.

"너도 무언가를 빠르게 갖고 싶을 때가 있지?"
"그럴 때 어떤 마음이 드니?"
"우물을 당분간 쓰지 못하게 만든 아이처럼
 실수를 하지 않으려면,
 어떤 생각으로 욕심을 버리면 될까?"

이제 아이들은 세상은 더불어 살아간다는 사실과 사람의 마음을 헤아리며 사는 일이 얼마나 가치 있는 일인지 깨닫게 됩니다. 자신만의 멋진 답도 만들 수 있겠지요.

"모두를 위해서 조금 더 생각하고 행동하는 게 좋을 것 같아요."

"행동하기 전에 남을 먼저 생각하는 시간을 갖는 게 필요합니다."

이때 중요한 것은 아이들이 자신이 직접 생각한 실천 방안을 내놓았다는 사실입니다. 시와 질문을 통해 아이들은 단순하게 글을 읽고 해석하는 능력을 뛰어넘어, 상대방의 마음을 공감하고 문제를 해결하는 능력까지 갖추게 됩니다. 참 귀한 순간입니다. 다음 단계로 부모는 아래와 같은 질문을 통해 아이가 자신의 다짐을 실천하도록 이끌어줄 수도 있지요.

"최근에 남의 처지를 먼저 생각하고
 무언가를 양보한 적이 있니?"
"그때 네 기분은 어땠어?"

시를 통해 아이는 일상에서 지혜롭게 자신의 욕심을 제어하고 상대방의 마음을 헤아리는 여유를 배우게 됩니다.

마음의 중심을
잃지 않는 아이

사이

박덕규

사람들 사이에
사이가 있었다 그
사이에 있고 싶었다.

양편에서 돌이 날아왔다.

왜 사람들은 "넌 누구 편이야?"라고 묻는 걸까?

아이들의 세계에서도 마찬가지입니다. 서로 놀다가 다툼이 생기면 다툼의 중심에 서 있는 아이들은 각자 생각에 따라 자신의 주장을 펼치죠. 어른과 다를 게 없습니다. "넌 누구 편이야? 나야? 아니면 쟤야."라고 말하며 날을 세우곤 하죠. 누구나 그땐 고민이 됩니다. 사실 결정은 쉽지 않습니다. 일단 모두가 지금까지 함께 놀던 좋은 친구들이고, 생각이 달라 어느 편에도 서고 싶지 않을 수도 있기 때문이죠.

"왜 사람들은 중간에 선 사람에게
돌을 던지는 걸까?"
"꼭 한쪽 편을 들어야 할까?
중간의 입장을 말하면 안 되는 걸까?"

철학적인 질문이라고 생각할 수도 있습니다. 하지만 바꿔서 생각하면 일상의 철학을 가르칠 좋은 기회이며, 동시에 아이도 자주 그런 경험을 해봤기 때문에 이 질문에 더욱 깊이 있는 대답을 할 가능성이 높아 좋은 효과를 기대할 수 있습니다.

"자기 편을 들어주지 않아서 화가 난 게 아닐까.""자기 편을 더 많이 모으면 이긴 것처럼 보이니까."라는 본질을 제대로 파악한 답을 할 수도 있습니다. 다만 문제 자체를 어려워하는 아이가 있다면 부모가 먼저 자신의 경험을 바탕으로 대화를 주도하는 것도 좋아요.

"엄마, 아빠는 이런 일이 있었는데
　너라면 이때 어떤 결정을 하겠니?"

이렇게 질문으로 자연스럽게 아이의 생각을 끌어내는 것도 좋습니다.

자기 주관이 뚜렷한 아이로 키우는 부모의 질문

친분이나 힘에 굴복해서 억지로 누군가의 편이 된다는 것은 스스로 자신의 생각을 접는 것과 같습니다. 아이가 선택 앞에서 방황하지 않고 분명한 자기 생각을 친구들과 세상에 전하려면, 먼저 '굳이 억지로 누구의 편이 될 필요는 없다'는 사실을 깨달아야 합니다. 서로 미워하고 분노하고 비난하는 상황에서 벗어나, '나만 옳고 내 편이 최고이자 진리라는 외침'을 거부할 용기를 내야 합니다. 아이에게 이런 방식으로 질문을 하며 대화를 나눠보세요.

"너는 누구의 편에 선 적이 있니?"

"그렇게 한 이유가 뭐니?"
"그렇게 해서 너의 마음이 편안했니?"

아마 마음이 편했다고 말하는 아이는 별로 없을 겁니다. 그렇게 질문을 통해 아이가 스스로 깨닫게 해주세요. 그리고 자신의 생각과 선택을 믿고 용기를 내게 해주세요. 누군가의 편에 마음 편히 속하는 것보다, 시에서 읽은 것처럼 비록 양쪽에서 돌이 날아오는 현실과 마주한다고 해도, 자신의 생각을 고수하며 선다는 것은 무엇과도 비교할 수 없이 용기 있는 행동이니까요.

공평한 시선을 갖고 약자를 돕는 마음의 힘

"너 비겁해. 아무 편도 들지 않았으니까."
하나를 선택하지 않고 중간에 서면 결국 이런 비난의 소리를 듣게 됩니다. 자신의 뜻이 분명한 사람이라면 피할 수 없는 현실이죠. 그럼 또 아이들은 쉽게 흔들리게 됩니다. 그럴 때는 이런 질문을 통해 중심을 잡게 해주세요.

"정말로 세상에 필요한 사람은 누굴까?

나와 친하다는 이유로
누군가의 편을 드는 사람일까,
아니면 자신의 생각을 주장하는 사람일까?"

아이들은 이 질문을 통해 어디에도 속하지 않는 사람은 비겁한 것이 아니라, 두 사람을 모두 온전히 이해할 수 있는 사람이라는 사실을 알게 됩니다. 더 많은 사람을 이해할 수 있으니 어느 한편에 서지 않고 그 사이에 설 용기를 내게 되는 거죠. 중간에 서서 양쪽 모두를 공평하게 바라보는 일상을 보내며 아이들은 약자를 돕고 안아줄 내면의 힘을 갖게 됩니다. 비로소 타인을 이해할 수 있게 되었기 때문입니다. 정말 아름다운 과정이자, 귀한 가치를 경험하게 되는 거죠. 강한 편에 들어가 힘을 과시하는 것보다는, 상처를 입고 중간에 지쳐 쓰러진 사람이 보이면 언제 어디에서든 당장이라도 달려가 손을 잡고 일으켜주는 삶의 가치를 아는 것이 더 중요합니다. 그는 따뜻한 두 손을 가진 사람이니까요.

누군가를 도울 수 있는 사람의 자격

좋은 가치를 찾았다면 그 가치를 실천할 수 있는 적절한 방법을 찾는 것이 언제나 중요합니다. 이런 질문으로 시작해보세요.

> "어려운 사람의 손을 잡고 무언가 도움을 주려면,
> 너는 어떤 사람이 되어야 할까?"
> "네가 내민 손이 상대방에게 도움이 되려면
> 너는 어떤 하루를 보내야 할까?"

그 질문으로 아이는 누군가에게 도움을 주려면 상대방이 든든한 기분이 들 정도로 자신의 존재가 강해지고 당당해지는 것이 우선이라는 사실을 깨닫게 됩니다. 중요한 가치는 그 후에 본격적으로 빛을 발합니다. 아이는 강한 사람이 되기 위해 공부를 하든 운동을 하든 무언가를 제대로 시작하게 되니까요. 이유는 간단합니다. 자신이 배우는 것과 오랫동안 연습하는 것들이 '어디에' '왜 필요한지' 알게 되었기 때문입니다. 아이가 제대로 무언가를 시작하지 못한다고 걱정하지 마세요.

아이가 움직이지 않는 이유는 움직일 이유를 아직 찾지 못했기 때문입니다. 이렇게 시를 읽으며 자연스럽게 그 이유를 찾아주세요. 아이가 맞이할 내일이 저절로 바뀌게 됩니다.

스스로
생각하는 아이는
무엇이 다른가

당신은

폴 발레리

당신은 스스로
생각하는 대로
살아야 한다.

그렇지 않으면
당신은 머지않아

사는 대로
생각하게 된다.

오늘의 생각이 아이의 인생을 만든다

「당신은」이라는 작품은 어른들에게는 책이나 강연에서 자주 들어본 시이지만, 아이들 입장에서는 처음 들어보는 시일 가능성이 높습니다. 그래서 처음에는 이 시가 어떤 의미를 담고 있는지 알려줄 필요가 있습니다.

"사는 대로 생각한다는 게 뭘까?"

먼저 가볍게 질문해서 생각을 자극하고, 예를 들어 설명하면 아이는 쉽게 이해할 수 있습니다.

"나무에 맛있는 과일이 열려 있는데, 어떤 사람은
'에이 저 과일은 분명 맛이 없을 거야.'라고 말하며 지나갔고,
또 어떤 사람은 '내가 한 번 따서 먹어볼까?'라는 생각을 했지.
두 사람의 다음 이야기는 어떻게 펼쳐질까?"

그럼 아이들은 이제야 조금씩 그 말의 의미를 이해하며 자신의 생각을 말할 겁니다. 맛이 없다고 생각하며 지나간 사람은 결국 평생 그 과일을 먹지 못하고 살아가지만, 먹어 보려는 생각을 한 사람은 사다리

를 만들거나 다른 방법을 통해 과일을 맛보며 새로운 경험을 하게 된다는 식으로 말이죠. 이미 생각이 고착화된 어른들은 좋은 말을 들어도 생각이 쉽게 바뀌지 않지만 아이들은 다릅니다. 그래서 좋은 시에 좋은 의미를 담아 들려주는 일이 매우 중요합니다. 사람의 인생을 결정하는 것은 결국 생각이고, 생각은 아주 작은 단어로 이루어져 있으니까요. 이를 아이에게 시를 통해 자연스럽게 전하며, 사는 대로 생각한다는 것이 얼마나 위험한 일인지 알려주세요.

'할 수 있다'의 기적을 아이에게 전하는 방법

같은 상황에서도 그걸 지켜보는 사람의 시선에 따라 생각이 전혀 다른 방향으로 나뉩니다. 사는 대로 생각하면 늘 하던 일만 반복하게 되지만, 뭐든 할 수 있다고 생각하면 이전에는 짐작도 할 수 없었던 새로운 일에 도전할 수 있지요. 앞서 나무에 열린 과일을 보며 도전을 선택한 사람이 도전에 성공할 방법을 스스로 생각하고 행동하며 자신의 일상을 바꾼 것처럼 말이죠. 얼마든지 변주가 가능합니다. 이를테면 공부에 연결해서 아이에게 질문해도 좋습니다.

"영어 단어 암기가 어렵다고 포기하면

영어 단어 외우기에 스스로 재능이 없다고 생각해서 아예 공부를 포기하면 발전이 없습니다. 그러나 이때 "나는 영어 단어를 잘 외울 수 있다."라고 생각하면 상황이 어떻게 바뀔까요? 아이에게 한번 물어보세요. 사다리를 만들어 과일을 딴 사람처럼, 스스로 자신만의 외울 방법을 찾게 되겠죠. 그러면서 실제로 점점 암기 영역에서 특별한 능력을 발휘하게 될 겁니다. 그게 바로 생각하는 대로 살면 이루어지는 변화의 가치입니다. 아이가 새로운 일을 대할 때 '할 수 있다'고 생각할 수 있게 이끌어주세요. 그 생각이 곧 아이 인생을 바꿀 기적의 시작입니다.

생각은 인생에 얼마나 큰 영향을 미치는 걸까?

지금도 우리의 생각은 인생에 막대한 영향을 미치고 있습니다. 다만 신경을 쓰지 않아서 잘 모르고 있을 뿐이죠. 아이에게 이렇게 질문해 보세요.

"왜 나쁜 예감은 꼭 현실이 되는 걸까?"

정말 중요한 부분입니다. 아마 어른도 마찬가지로 늘 그 부분을 신기하게 생각하고 있을 겁니다. 아이와 함께 대화를 통해 이야기를 나누어보세요. 나쁜 예감은 꼭 현실로 나타나는 이유를 시험에 비유해서 질문하는 것도 좋습니다. 실제로 시험이나 중요한 테스트를 앞두고 드는 나쁜 예감은 늘 현실이 되니까요.

"이번 시험 망할 것 같은데."

"이번 일은 결과가 안 좋을 것 같아."

왜 이런 모든 나쁜 예감은 실제로 현실이 되는 걸까요? 아이들은 "괜히 나쁜 생각을 하면 정말 그렇게 되더라고요."라는 식으로 답할 가능성이 높습니다. 그것도 맞는 말입니다. 그 대답에 경탄하며 그 이유에 대해 더 자세하게 이렇게 설명해 주세요.

"나쁜 예감이 들 때는 자신도 모르게
좋은 방향보다는 나쁜 방향으로
자꾸 생각하게 되기 때문이 아닐까."

부정적인 생각을 자꾸 반복하니 정말 그 생각이 현실로 나타나는 거죠. 부정적인 생각이 모든 가능성을 사라지게 만든다는 사실을 알게 되며 아이들은 더욱 생각의 힘을 실감하게 됩니다.

성공 가능성을 스스로 높이는 아이의 언어 습관

아이들은 살면서 새로운 도전을 반복하게 됩니다. 바닥을 기어가다 걷고, 조금씩 뛰어가는 과정도 모두 그 안에 속한 도전이지요. 그럼 과연 어떤 생각이 성공할 가능성을 높이는 걸까요? 아이가 다음에 제시하는 여섯 개의 문장을 직접 읽고 그 차이를 발견할 수 있게 이끌어주세요.

"내가 과연 할 수 있을까?"
"나는 할 수 있어."
"이 일은 내가 아직 해보지 않아서
  두려운 걸 거야."
"차근차근 최선을 다하면
  이 두려움은 점점 사라질 거야."
"못 해도 괜찮아. 서툴러도 괜찮아."
"나는 매일 더 나아지고 있다."

어떤가요? 각각 전해지는 느낌이 다르죠. 아이들도 아마 그 미세한 차이를 느끼게 될 겁니다. "내가 과연 할 수 있을까?"라는 말로는 가능성을 찾기 힘듭니다. '사는 대로 생각하는 사람들'이 자주 내뱉는 말이죠. "나는 할 수 있다."라는 말은 조금 낫지만 완벽하지는 않습니다. 자신의 가능성을 아직 확신하는 단계는 아니기 때문입니다.

그래서 아이들의 일상에 마지막에 언급한 "나는 매일 더 나아지고 있다."라는 말이 필요합니다. 스스로 자신의 가능성을 믿고 확신하는 표현이기 때문입니다. 아이들이 이 미세한 차이를 깨닫고 실제로 일상에서 사용한다면 분명 멋진 변화가 시작될 겁니다. 자신의 삶을 주도하며 살기 시작했기 때문이죠.

느낀 것을
일상의 실천으로
옮기는 법

답설야

서산대사

눈 덮인 들판을 걸어갈 때
이리저리 함부로 걷지 마라.
오늘 내가 걸어간 발자국은
뒷사람의 이정표가 되니까.

아이를 구체적으로 생각하게 만드는 질문들

대부분의 아이들은 겨울의 대표적인 이미지로 '눈'을 떠올립니다. 추위, 딸기, 붕어빵 등등 겨울에 체험할 수 있는 것들 중에서 눈이 가장 친숙한 풍경이기 때문이지요. 「답설야」를 읽으면서 아이는 아무도 밟지 않은 하얀 눈길 위를 설레는 마음으로 걸어본 경험을 떠올릴 것입니다. 아이들은 자신이 직접 겪어봤거나 잘 아는 문제에 대해 생각할 때 가장 창의적이지요. 아이에게 먼저 이렇게 질문해보세요.

> "아무도 밟지 않은 눈길을 걸을 때
>   기분이 어땠어?"

아이들이 대답을 잘 못하는 이유 중 하나는 질문에 대해 관심이 없기 때문입니다. 그러므로 아이 입장에서 가장 친숙한 경험, 관심 있는 주제로 대화를 시작하는 것이 좋습니다. 누구나 자신이 잘 알고 있는 것에 대해서는 쉽고 빠르게 대답할 수 있지요.

첫 번째 질문을 시작했다면, 이제 답변의 길이를 늘려나가는 과정이 필요합니다. 아이들을 자꾸, 조금 더 구체적으로 생각하게 만들어야 합니다. 아이들이 단순히 "좋아." "최고지!"라고 짧게 대답하는 것으로만 끝나게 하지 말고, 부모가 먼저 구체적인 질문을 차근차근 던져보세요.

"너의 좋은 기분을 알기 쉽게 설명하려면
  어떻게 말하면 될까?"
"너의 멋진 기분을 엄마, 아빠가 이해할 수 있게
  자세히 설명해줄 수 있니?"
"그림을 그린다고 생각하면서
  그 풍경을 하나하나 설명해주면 된단다."

이런 식으로 추가 질문을 해서 최선의 답변을 얻는 게 중요합니다.
라고 말해주세요. 하나의 풍경을 아이와 나눈다고 생각하면 됩니다.

어떻게 아이에게 책임감을 알려줄 수 있을까?

이번에는 아이와 함께 '상상하는 대화'를 해봅시다. 눈이 내리는 아침,
늦잠을 잔 아이는 하얀 눈길 위에 다른 사람들의 발자국이 이어져 있는
것을 보게 됩니다. 그럼 아이는 먼저 길을 걸었던 사람들의 발자국을
뒤에서 따라 밟으며 마치 놀이를 하듯 걸어가게 되지요. 이때 아이에게
'누군가를 따라 걷는 행위'에 대해 생각할 수 있는 질문을 던져볼 수 있
습니다.

"먼저 걸었던 사람의 발자국을 따라서 걸었는데,

그 흔적이 경사가 가파른 곳으로 이어져 있으면 어떻게 될까?"

아마도 아이는 넘어지거나 미끄러져 다칠 수도 있다고 말하겠죠. 그런 상상을 하고 질문에 답하면서 아이는, '누군가의 앞에서 무언가를 먼저 한다는 것의 가치와 중요성'에 대해서 깨닫게 됩니다. 굳이 책을 읽거나 단어로 정의하지 않아도 '리더'라는 개념을 저절로 알게 되고, 리더의 생각과 행동이 얼마나 중요한지 알게 되죠. 이것이 바로 적절한 질문이 가진 힘입니다. 하나의 광경에서 던진 질문을 통해 아직 배우지 않은 것을 짐작하거나 스스로 배울 수 있으니까요. 모르는 것을 스스로 깨우치게 되는 거죠. 그렇게 아이는 뒤에서 자신을 따라 걷는 사람을 위해, 이전보다는 조금은 더 책임감을 느끼며 사소한 것 하나에도 정성을 담아 소중한 일상을 보내게 될 것입니다.

아이와 '말의 공간'을 공유하는 행복

"앞으로 어떤 마음을 가지고 살고 싶니?"

아이는 스스로 리더가 되어 누군가의 길을 이끄는 상상을 이미 했기 때문에 이 질문에 책임감을 갖고 진지하게 답할 가능성이 높아집니다. 전과는 전혀 다른 수준의 답이 나오겠죠.

"함부로 생각하거나 행동하지 않을 생각이에요."

"모범이 될 수 있게 좋은 마음을 갖고 살고 싶어요."

아이가 이런 식으로 자기 생각을 말할 때 부모가 적극적으로 다가가 칭찬하고 격려하는 게 좋습니다. 아이 입장에서는 어떤 결의에 차서 생각한 말일 가능성이 높기 때문입니다. 스스로 '내가 이런 말을 하다니!'라는 생각에 뿌듯한 상태일 수도 있지요.

아이가 한껏 진지한 상태를 유지하고 있을 때, 그 순간을 놓치지 않고 '말의 공간'을 공유할 수 있다는 것은 참 아름다운 일입니다. 하나가 된 느낌을 가질 수 있으며, 동시에 그 순간을 무엇보다 소중하게 간직하게 되기 때문이죠. 혹시 질문에 답하는 아이의 태도가 불성실해서 '왜 내 아이는 진지하게 생각하고 답하지 않을까?' '대체 뭐가 문제지?' 하고 고민했던 적이 있나요? 사실 아이가 대충 고민하고 성의 있게 답하지 않는다면, 그건 아이가 아닌 부모의 잘못일 가능성이 높습니다. 상황을 충분히 설명하고 적절한 질문을 하면 아이는 저절로 진지하게 고민하고 생각하게 되니까요.

아이 스스로 찾아내는 모범적인 삶의 태도

지금까지 읽고 느낀 부분을 과연 어떻게 삶에 적용할 수 있을까요? 언제나 가장 어려운 것은 눈으로 보고 느낀 것을 현실에서 적절히 적용할 방법을 찾아내는 것입니다. 이때 부모가 먼저 자신의 생각을 아이에게 말하는 것도 좋은 방법입니다. 아이 입장에서는 누군가의 올바른 리더가 된다는 것, 모범적으로 산다는 것이 어떤 의미인지 잘 이해되지 않을 테니까요.

> "공공장소에서 쓰레기를 아무 곳에나 버리지 않고
>   꼭 쓰레기통에 넣어야지."
> "모두가 함께 사용하는 물건을 깨끗하게 쓰고
>   제자리에 놓는 것도 좋겠다."
> "아침에 누가 깨우지 않아도
>   스스로 일어나는 것도 멋진 일이지."

이렇게 세세하게 구분해서 실천 방안을 제시하면 아이도 부모의 말을 응용해서 자신의 생각을 말하기 수월해지죠. 그렇게 아이는 집 혹은 학교에서 할 수 있는 일을 찾아 자신만의 실천 사항을 말하며, 세상에 도움을 주는 일이 무엇이고 그것을 실천하며 주변을 아름답게 바꿀 수

있다는 사실도 알게 됩니다. 이때 사소한 행동 하나가 세상을 바꿀 수
도 있다는 사실을 알려주며, 일상의 소중함과 가치에 대해서 이야기를
나눠도 좋습니다.

인성과 선함의
중요성에 대해
일깨워주는 법

죽음보다 더 나은 것을 택하라

베토벤

사람은 선한 일을 할 때는
절대 죽음을 생각해서는 안 된다.
언제나 선한 일을 하면서
삶의 보람을 찾아야 한다.

'인간은 선한 일을 할 수 있는 한
스스로 인생을 포기해서는 안 된다.'라는
근사한 글을 읽지 않았더라면,
나는 이미 이 세상 사람이 아니었을 것이다.

선한 일이라는 것은 무엇을 말하는 걸까?

사람마다 얼굴이 다른 것처럼, '선하다'고 생각하는 일도 각자 기준이 다르기 마련입니다. 누군가에게는 선한 일이 다른 누군가에게는 선한 일이 아닐 가능성도 있죠. 그래서 자신의 기준을 세우는 것이 항상 중요합니다. 자신의 기준이 분명해야 세상을 바라보는 시선에 무게를 더할 수 있으니까요. 이것은 아이가 스스로 '무엇을 선한 일이라고 생각하는지' 구체적으로 파악하는 것으로부터 시작됩니다. 선함에 대한 자신만의 기준이 없는 사람은 결국 세상이 공통적으로 말하는 선함을 노예처럼 따르게 될 수밖에 없으니까요. 물론 쉽게 답할 수 없는 문제입니다.

시에서 나오는 것처럼 베토벤 역시 오랫동안 답을 찾지 못했다가, 자신만이 느끼는 선한 일은 '자신에게 보람을 주는 일'에서 시작한다는 표현을 통해 '선한 일'과 '보람'을 일치시켰습니다. 그처럼 아이가 선한 일의 기준을 쉽게 찾지 못한다면, 이렇게 질문해보세요.

"너에게 보람을 주는 일은 뭐니?"

자신에게 보람을 주는 일이 곧 자신을 위한 선한 일이기 때문이죠. 이처럼 쉽게 답하기 힘든 질문은 그와 유사한 다른 의미로 변주하면 전보다 훨씬 수월하게 답할 수 있게 됩니다.

삶의 보람은 어디에서 찾을 수 있을까?

시대가 많이 변해서 요즘에는 어른과 마찬가지로 '나는 행복하지 않아.' '행복하려면 대체 무엇을 해야 하는 거지?'라는 고민으로 하루를 보내는 아이들이 생각보다 많습니다. 아마 "넌 행복하니?"라고 물으면 쉽게 답하지 못하는 아이가 많을 겁니다.

삶의 보람을 찾아 행복을 느끼려면 대체 어떻게 해야 할까요? 저는 산책을 하는 것이 좋다고 생각합니다. 산책을 하는 다양한 이유가 있겠지만, 가장 중요한 이유 중 하나는 '시시각각 변화하는 자연과 공간을 관찰하며 배우기 위해서'라고 볼 수 있습니다. 산책하면서 아이에게 아래의 질문을 순서대로 해보세요.

"넌 나무를 보면 어떤 생각이 드니?"

아이가 자신의 생각을 답하면 다시 이렇게 질문해보는 겁니다.

"그럼, 네가 어제 본 나무와

자연은 끊임없이 변화하며 멈추지 않고 흐르기 때문에 우리는 같은 순간을 두 번 맞이할 수 없다는 사실을 알려주는 질문입니다. 어려운 말이 아닙니다. 같은 공간에 있다고 생각하지만 늘 다른 공간에 있다는 사실을 알려주는 게 좋습니다. 강물과 바다를 예로 알려주면 더욱 이해가 빠릅니다. 물은 계속 여기저기로 흐르기 때문에 같은 물은 두 번 다시 만날 수 없지요.

이런 질문과 산책의 과정을 통해, 지금 이 순간은 오직 지금만 즐길 수 있는 것이니 늘 최선을 다하는 것이 곧 보람으로 이어진다는 사실을 아이에게 자연스럽게 알려줄 수 있습니다. 물론 아이는 그 사실을 깨닫기 위해서 시간이 많이 필요할 수도 있습니다. 그렇다고 그 사실을 억지로 주입하지는 마세요. 산책과 질문, 그리고 관찰을 반복하면 저절로 알게 되는 사실이니까요. 꼭 아이의 때를 기다려주세요. 기다릴 만한 가치가 충분한 일입니다.

베토벤은 어떻게 들리지 않는 고통을 이겨냈을까?

서른 즈음에 베토벤의 귀는 들리지 않기 시작했습니다. 음악을 창조하는 작곡가에게 소리가 들리지 않는다는 사실은 정말 충격적인 일이 아닐 수 없죠. 하지만 베토벤은 절망적인 현실에서도 멈추지 않고 위대한 음악을 창조했습니다. 그는 들리지 않는 고통을 어떻게 이겨낼 수 있었을까요? 질문을 통해 아이들의 생각을 확인해보세요. 아이들이 이해하기 쉽게 최대한 세세하게 질문하는 편이 좋습니다.

"베토벤은 음악을 들을 수 없는 고통을
어떻게 이겨냈을까?
그리고 소리가 들리지 않는데도
어떤 마음으로 작곡 활동을 계속할 수 있었을까?
어쩌면 베토벤에게 있어서 '삶의 보람'이란
음악을 창조하는 일이 아니었을까?"

베토벤은 자신이 사랑하는 음악을 열정적으로 창조하는 것이 자신을 위한 선한 일이라고 생각했습니다. 힘들지만 보람을 느꼈기 때문에 멈추지 않고 위대한 음악을 창조할 수 있었지요. 음악이 전혀 들리지 않았지만 어떻게든 음악을 느끼기 위해 모든 노력을 쏟았습니다. 베토벤의 마음을 아이가 느낄 수 있도록 질문해보세요. 그럼 그가 들리지 않는 고통을 어떻게 이겨냈는지, 삶의 보람이란 무엇인지 아이는 쉽게 알 수 있게 됩니다.

내가 할 수 있는 선한 일에는 무엇이 있을까?

영국 시인 바이런은 '하룻밤 자고 나니 유명해졌다.'라는 말을 처음 사용한 사람입니다. 실제로 그가 그것을 경험했기 때문이죠. 그러나 시인의 그 말에는 숨겨진 '언어의 이면'이 있습니다. 이면을 들여다보면 그제서야 풀리지 않는 모든 비밀이 빠르게 풀리지요. 아이에게 이런 질문을 한 번 던져 보세요.

"그가 유명해지는 데 필요한 기간은
과연 단 하룻밤이었을까?"

이 질문은 다시 이렇게 변주되어 다른 질문을 창조합니다.

"그는 자신이 꿈꾸던 그 하룻밤을 만나기 위해
얼마나 많은 밤을 분투하며 보냈을까?"

대중이 그를 알아보는 데 필요한 시간은 하룻밤이었지만, 그 무대에 서기 위해서는 수많은 하룻밤이 필요했던 것이죠. 빛은 그의 현재에 집중되어 있지만, 그 뿌리는 과거에 단단하게 박혀 있는 셈입니다. 아이들이 잘 알고 있는 방탄소년단의 이야기를 들려주는 것도 좋습니다.

그래야 이해가 더욱 빠르기 때문이죠. 방탄소년단 멤버 지민은 이와 유사한 이야기를 했습니다.

"어쩌면 여러분이 우리를 기다린 것보다, 우리가 여러분을 더 기다렸는지도 몰라요."

그의 말은 하룻밤의 성공처럼 느껴지는 그들의 성공에 사실은 수많은 불면의 밤이 있었다는 사실을 증명합니다. 세상에 나온 순간은 일시적이지만, 그 일시적인 순간을 위해 영원할 것만 같았던 긴 시간을 준비했기 때문입니다. 아이들은 자신이 잘 알고 있는 방탄소년단의 사례를 통해서 자신이 선한 일이라고 생각한 것을 어떤 마음으로 실천해야 하는지 깨닫게 될 겁니다. 그리고 베토벤의 음악을 들을 때마다, 방탄소년단의 모습을 볼 때마다 자신의 깨달음을 가슴에서 꺼내 확인하며 스스로 반성하고 성장하게 됩니다. 부모는 아이가 성장하는 모습을 그저 바라보기만 하면 됩니다.

자신의 감정을
분명하게
표현하는 아이

사막

오르텅스 블루

그 사막에서 그는
너무도 외로워
때로는 뒷걸음질로 걸었다.
자기 앞에 찍힌 발자국을 보려고.

아이가 자신의 감정을 돌아보게 만드는 부모의 말

시를 읽을 때 가장 중요한 것 중 하나는 시의 배경이 된 장소와 감정을 최대한 가까이 느끼는 것입니다. 사막을 실제로 경험한 사람은 그리 많지 않습니다. 아이에게 질문을 던지기 전에 사막이 나온 영상이나 사진 등을 충분히 보여주도록 합니다. 이때 이런 질문으로 먼저 생각을 자극하는 것도 좋습니다.

"더운 여름날 오랜 시간 운동을 한 후에
   갈증을 심하게 느꼈던 적이 있니?"
"혼자 걷다가 낯선 곳에서 길을 잃었던 적이 있니?"
"함께 놀던 친구가 갑자기 집에 가서
   혼자 남겨진 적이 있니?"

적절한 질문을 통해 아이가 사막을 상상하게 해주세요. 목이 타들어가는 동시에 배가 고프고, 걸을 때마다 모래에 다리가 푹 빠지는 상태에서 혼자 있다면 어떤 기분이 들지 생생하게 장면을 설명한 후에 질문을 하면, 아이는 조금 더 분명하게 자기 생각을 말할 수 있을 겁니다.

자기 감정을 탐구하고 정의하는 과정의 힘

실제로 아이들에게 일기 쓰기를 지도하다 보면 '외롭다. 정말 외롭다.' 라고 쓰는 초등학교 1학년 학생을 자주 목격하게 됩니다. 심지어는 '행복이란 대체 뭘까? 왜 난 행복하지 않지?'라는 고민을 매우 심각하게 하는 초등학생도 만나게 되죠. 아직 자신에게 질문을 해본 적이 없어 발견하지 못했을 뿐, 사막을 상상하며 동시에 외롭다는 것이 무엇인지 질문하면, 어른들은 생각도 할 수 없는 외로움에 대한 근사한 아이만의 정의가 나올 수도 있습니다.

"사막에서 저 사람은 얼마나 외로웠을까?"
"외롭다는 감정에 빠지면 어떤 생각이 들까?"

이렇게 차근차근 질문하면 아이는 조금은 수월하게 '외로움'이라는 단어를 정의할 수 있게 됩니다. 다만 여기에서 중요한 것은 '멋진 결과를 보는 것'이 아니라, '외로움이라는 감정을 스스로 정의하는 과정'이라는 사실을 기억하세요. 아이가 무언가를 정의하기 위해 분투하며 생각하는 과정이 그 어떤 멋진 정의보다 귀한 가치를 품고 있으니까요.

시 속에 아이 상황을 대입하여 질문하기

이제 사막이라는 배경을 지우고 그 자리에 아이의 삶을 채워서 생생하게 생각하는 시간입니다.

> "사막에서 혼자 길을 걷는 사람처럼
> 너도 외로웠던 때가 있었니?"

아이들은 공부한 만큼 성적이 나오지 않거나, 자신이 하는 이야기를 부모가 잘 들어주지 않을 때 심각한 외로움을 느끼게 됩니다. 새롭게 무언가를 발견했을 때도 무척 기쁘지만, 그걸 가장 사랑하는 부모님에게 설명할 때 더 큰 행복을 느끼기 때문이죠. 그런 구체적인 상황을 질문을 통해 제시하고, 자세하게 답할 수 있게 해주세요.

> "네가 공부한 만큼 성적이 나오지 않아서
> 힘들 때 기분이 어땠니?"
> "네가 새롭게 발견한 것을 즐겁게 들려줄 때
> 엄마, 아빠가 집중해서 듣지 않으면 기분이 어때?"

그렇게 아이는 자신의 일상을 떠올리며, 과거의 어느 순간을 구체적으로 묘사하는 방법을 배우게 됩니다. 외로웠던 순간을 떠올림과 동시에 자신의 마음과 부모에게 바라는 것까지 입체적으로 생각을 하기 때문에 더욱 깊은 생각을 할 수 있는 아이로 성장하게 되죠. 그 과정을 아이가 즐겁게 경험할 수 있게 도와주세요. 자신의 감정을 분명하게 표현할 줄 아는 사람으로 성장하게 됩니다.

아이가 힘들 때 부모에게 가장 듣고 싶은 말

여기에서 우리는 아이의 내밀한 곳에서 흐르는 감정의 민낯을 만날 수 있습니다. 시를 읽고 아이가 외로움에 대한 정의를 내리는 것도 근사한 일이지만, 가장 중요한 것은 그런 순간마다 아이가 듣고 싶은 말이 무엇인지 알게 되는 것입니다.

"그때 엄마, 아빠에게 어떤 말을 듣고 싶었니?"
"네가 힘들 때 엄마, 아빠에게 가장 듣고 싶은 말이 뭐니?"
"어떤 말을 들을 때 가장 행복해지니?"

이 질문을 통해 우리는 아이가 가장 힘든 시기에 어떤 식의 말을 필요로 하는지 제대로 알 수 있게 되죠. 시를 읽고 함께 생각하는 시간이 없었다면, 도저히 짐작할 수도 없는 놀라운 비밀을 알게 되는 셈입니다. 또한 아이 입장에서도 그런 자신의 마음을 자세하게 표현할 수 있기 때문에, 앞으로 열린 마음으로 더 많은 세상을 받아들일 수 있게 된다는 장점도 있습니다.

「사막」이라는 시를 통해 이런 이야기까지 나누게 될지 아마 처음에는 상상하지 못했을 겁니다. 그렇게 시는 보이지 않는 것을 보여주고, 가장 귀한 가치를 내면에 담게 도와줍니다. 시를 읽은 느낌을 함께 오랫동안 대화로 나누며 그 시간을 따뜻한 풍경화처럼 마음속에 간직하세요.

자신의 가능성을
믿는 아이는
내면의 깊이가 다르다

내가 너를

나태주

내가 너를
얼마나 좋아하는지
너는 몰라도 된다.

너를 좋아하는 마음은
오로지 나의 것이요.

나의 그리움은
나 혼자만의 것으로도
차고 넘치니까.

나는 이제
너 없이도 너를
좋아할 수 있다.

도전을 기적으로 바꾸는 가능성은 어디에 있을까?

2020년 9월, 기적과도 같은 일이 일어났죠. 방탄소년단의 디지털 싱글이 한국 가수 최초 미국 빌보드 핫 100차트 정상에 올랐습니다. 그 음악의 제목 〈Dynamite〉는 그들이 이룬 성과를 닮았습니다. 저는 미국 빌보드 차트를 지난 30년 가까이 매우 유심히 관찰하며 '왜 한국 음악은 세계 중심에 설 수 없는 걸까?'라는 아쉬운 마음을 갖고 있었기에 더욱 반가운 소식이었습니다. 아이에게 질문해보세요.

"그 누구도 해내지 못했던 일을
드디어 방탄소년단이 해냈어.
도전을 기적으로 바꾼 이 가능성은
대체 어디에 있는 걸까?

방탄소년단의 멤버 중 진은 이런 말을 했습니다.
"하루를 대하는 태도를 바꾸면 에너지가 바뀝니다."
이 말이 지금의 '방탄소년단'을 설명할 수 있는 최선의 표현이라고 생각합니다. 하루를 대하는 철학이 다른 거죠. 이와 마찬가지로 2018년 정국은 한 인터뷰에서 스스로 자신에게 던진 '나에게 도전은 무엇인가?'라는 질문에 "더 큰 무대에서 더 많은 사람들 앞에 서고 싶어요. 빌보드 핫 100에서 1위도 찍고 싶습니다."라고 말했습니다. 그들을 지켜보는 사람 입장에서는 그들의 성과가 기적이지만, 그들 입장에서는 그저 거쳐가는 하나의 과정일 뿐인 거죠. 이유는 간단합니다. 그들이 그것을 간절하게 원했기 때문입니다. 세상이 아무리 변해도 절대 변하지 않는 사실이 하나 있죠. '우리는 간절히 원하는 것만 얻을 수 있다.'는 것입니다.

타인의 인정보다는 자신의 마음을 믿기

가장 잘 우는 멤버를 꼽는 인터뷰에서 멤버들이 다들 정국을 가리키자, 슈가가 따스한 미소를 지으며 이렇게 말했습니다.

"괜찮아. 울어도 돼. 다만 혼자 울지는 마."

슈가는 자신의 폭발적인 인기를 '추락은 두렵지만 착륙은 두렵지 않다'고 표현하며 솔직한 마음을 선명하게 보여주기도 했죠. 이어서 그는 자신이 살아가는 하루에 대해 이렇게 표현합니다. 슈가의 사색이 돋보이는 말이지요.

"비행기에서 어느 정도 바닥이 보이면 그냥 날고 있다는 생각이 드는데, 사람이 구름 사이에 있으면 날고 있다는 생각이 잘 안 들어요. 이게 맞나, 여기까지 하는 게 우리가 정말 바라던 것들인가 하는 생각을 했어요."

제이홉은 자신의 하루를 어떻게 표현했을까요? 그는 한 방송에서 그 감정을 나태주 시인의 시로 대신 전했지요. 가장 중요한 부분은 이 구절입니다.

'나는 이제
너 없이도 너를
좋아할 수 있다.'

이 구절은 이성 간의 사랑으로 해석할 수도 있겠지만, 제이홉은 사랑의 범위를 넓혀 자신의 음악을 아껴주는 모든 사람을 떠올렸습니다. 바로 이런 마음이었을 거예요.

'당신이 내 앞에 있을 때도, 그리고 다른 사람의 음악을 사랑할 때도, 나는 언제나 같은 마음으로 당신을 위한 음악을 만들겠습니다.'
제이홉과 슈가의 말, 그리고 「내가 너를」을 통해 우리는 자신의 하루와 강한 마음을 믿는 태도를 배우게 됩니다. 이들은 타인의 인정보다는 자기 자신의 '좋아하는 마음'에 무게를 두고 삶을 살아갑니다. 이 마음을 아는 아이는 방탄소년단처럼, 기대 그 이상을 해내며 남다른 결과를 낼 가능성이 높습니다.

날 수 없다는 생각을 버리면 더 멋지게 날 수 있다

하늘에서 비가 내리는 이유는, 하늘에서 비를 내릴 준비를 마쳤기 때문입니다. 세상에 단 한 방울도 저절로 내리는 비는 없죠. 높이 오르려면 높이 생각해야 하고, 자유롭게 살고 싶다면 자유롭게 생각해야 합니다. 그 생각을 잘 표현한 「한 사람을 잊는다는 건」이라는 시를 소개합니다.

'바람이 스쳐도
머리카락이 흔들리고,
파도가 지나가도
바다가 흔들리는데,
하물며 당신이 스쳐갔는데
나 역시 흔들리지 않고
어찌 견디겠습니까'

사실, 제가 쓴 시입니다. 제가 이 시를 소개하는 이유는 방탄소년단이 추구하는 음악, 삶의 방향과 잘 맞기 때문입니다. 머리카락이 흔들리는 이유는 바람이라는 존재가 나를 스쳤기 때문이에요. 세상에 이유 없는 현재는 존재하지 않지요. 우리는 원하는 것만 가질 수 있고, 준비를 끝내야지만 비로소 꿈꾸던 세상으로 날아갈 수 있습니다. 아이에게도 꼭 이루고 싶은 꿈이 있을 거예요. 이런 질문으로 대화를 시작해보세요.

"너는 지금 꼭 이루고 싶은 꿈이 있어?"
 그 꿈을 이루기 위해서는
 지금 이 시간을 어떻게 보내면 좋을까?"

만약 우리가 지금 낮은 곳에서 방황하고 있다면 그 이유는, 높은 곳에 도달하기 위한 준비가 필요하기 때문이고요. 지금 원하지 않는 삶을 살고 있는 이유는, 앞으로 원하는 모든 것을 가지고 살아갈 준비가 필요하기 때문입니다. 세상에 쓸모없이 지나가는 시간은 없다는 멋진 사실을 아이가 깨달을 수 있다면, 아이가 보내는 하루는 차곡차곡 쌓여 역사가 만들어질 겁니다.

모든 아이는 날아갈 준비를 하는 멋진 새입니다. 당장 창공을 향해 날지 않는다고, 새를 다른 이름으로 부르지는 않습니다. 아이가 자신의 가능성을 믿게 해주세요. 새가 날 수 있는 이유는 날개가 있어서가 아니라, 날 수 있다고 생각하기 때문이라는 멋진 생각을 할 수 있게요. 날수 없다는 생각을 버리면 더 멀리 멋지게 날 수 있습니다.

우리는 왜 겸손하게 살아야 할까?

서로 성향과 살아온 환경은 모두 다르지만 방탄소년단 멤버들은 언제나, 한결같이 자신의 성공에 대해서 이렇게 말합니다.

"우리는 사실 그렇게 대단한 존재가 아닌데, 엄청난 성원과 인기에 늘 놀랍고 고마운 마음이에요."

저는 멤버들이 억지로 겸손한 척한다고 생각하지 않습니다. 이것은 바로 수준을 뛰어넘는 성과를 낸 사람들의 일상에서 나오는 공통적인 생각법이기 때문입니다. 「내가 너를」에도 그 마음이 잘 나타나 있지요.

세상에 쓸모없는 것은 없다고, 자신의 가능성을 믿는 아이는 원하는 사랑을 받지 못해도 '스스로를 불태워 할 수 있는 모든 것'을 세상에 전할 것입니다. 방탄소년단 멤버들이 10년 내내 하루 18시간 넘게 연습하는 것을 '무언가를 이루기 위해서는 당연히 반복해야 할 보통의 일상과 노력'이라고 생각했던 것처럼요. 불가능하다고 여겨지던 일을 '당연한 일'이라고 생각하며 실천하는 아이는 언제나 상상 이상의 결과를 보여줄 거예요.

그래서 언제나 겸손하게 살아가는 사람들의 하루는 특별합니다. 무언가 하나를 제대로 하려면 얼마나 많은 희생과 기나긴 시간이 필요한지 누구보다 잘 알기 때문이죠. 아래 문장을 아이와 함께 낭독하며 '겸손'이라는 단어에 대해 이야기를 나누어보세요.

"대화를 나눌 때 가장 멋진 사람은 누굴까요?
큰 목소리로 자기 주장만 하는 사람일까요,
아니면 남 이야기를 힘으로 막고
자기 이야기만 주입하는 사람일까요?
가장 멋진 사람은
남의 이야기를 들어야 할 때는 겸손하게 듣고,
자기 생각을 말해야 할 때는
당당하게 주장하는 태도를 지녔습니다.
우리는 삶과 일상 앞에서 늘 겸손해야 합니다.
그것이 곧 나의 실력을 결정하기 때문입니다."

2부

___

세상을 바라보는
안목을 넓혀주는
지혜의 언어

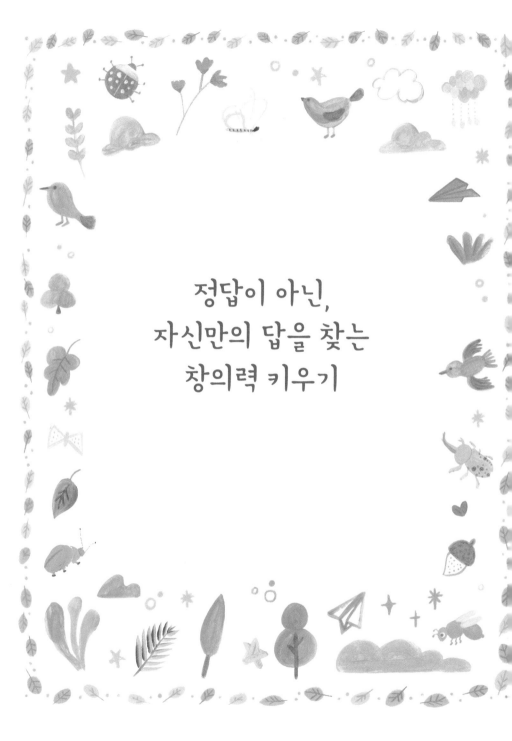

정답이 아닌,
자신만의 답을 찾는
창의력 키우기

답

호피족

답이 없다는 것도 하나의 답이다.
소박하게 먹고,
조심스럽게 말하고,
아무에게도 상처 주지 마라.

아이에게 억지로 정답을 강요하지 말 것

모든 아이들은 저마다 자기 삶에서 뛰어난 창의력의 소유자들입니다. 그런데 학년이 올라갈수록 아이의 멋진 능력이 사라지는 이유가 뭘까요? 안타깝게도 어떤 문제에 대한 하나의 답을 찾으려고 하기 때문이죠. 사람의 생김새가 모두 다른 것처럼 생각도 모두 다르고 답도 하나가 아닌데, 우리는 자꾸만 누구보다 빠른 시간 안에 단 하나의 답을 찾으려고 경쟁하고 있습니다. 그렇게 세상은 언제나 아이에게 정답을 찾으라고 말하죠. 그러나 세상에 존재하는 수많은 문제 중, 답이 없는 것도 있다는 사실을 기억할 필요가 있습니다. 이 시의 가치는 바로 그것을 자연스럽게 알려준다는 데 있지요.

"답이 없다는 것도 하나의 답이란다."

얼마나 근사한 생각인가요. 아이의 창의력에 날개를 달아주고 싶다면 세상에는 답이 없는 문제도 있다는 사실을 알려주는 게 좋습니다. 아무리 고민해도 답이 생각나지 않는다면 굳이 하나의 답을 억지로 말하지 않아도 괜찮다고 말해주세요. 그럼 아이들은 조금 더 편안하게 생각의 세계를 확장할 수 있습니다. 그렇게 더 멋지게 빛나는 창의력을 키울 수 있게 되겠지요.

모두에게 맞는 답이 있을까?

아이를 바라보는 부모와 어른들의 시선에도 문제가 있습니다. 어른들은 고민하며 아파하는 아이를 위해, 혹은 더 나은 아이의 미래를 위해, 매일 세상이 답이라고 말하는 것을 찾아서 입에 넣어주려고 하죠. 그러나 이번에는 부모가 먼저 이 질문에 답할 필요가 있습니다.

"세상에 모두에게 맞는 답이 있을까?"

아이에게 창의성을 발휘할 기회를 주고 싶다면, 부모가 먼저 답이 없는 것도 하나의 답이 될 수 있다는 사실을 인지하고 다가가야 합니다. 아니, 어쩌면 그것이 아이의 성장을 돕는 가장 지혜로운 단 하나의 답일 수도 있습니다. 혼자 오랫동안 생각하는 아이는 결국 자기만의 답을 스스로 찾게 될 테니까요.

자, 이 질문을 참고해주세요. 이런 방식의 질문을 통해 아이에게 그 가치를 전할 수 있습니다.

"너한테 맞는 옷이 네 친구에게도 맞을까?"
"맞지 않는 이유가 뭘까?"
"네가 좋아하는 옷을 친구도 좋아할까?"

"좋아하지 않는 이유가 뭘까?"

"사람 체형이 모두 다른 것처럼,

　생각의 모양과 크기도 모두 다르지 않을까?"

　이런 식으로 하나의 답이 모두에게 적용되는 것은 아니라는 사실을 질문과 답변을 반복하며 스스로 깨닫게 해주세요. 지금까지는 다른 사람과 다른 자신의 생각을 표현하는 데 두려움을 느끼던 아이도, 이제는 자신만의 생각에 자신감을 가질 수 있게 될 겁니다. 강력한 자신감을 장착하는 것, 그게 창의력을 발휘하는 시작이 될 수 있겠지요.

소박하게 먹고 조심스럽게 말해야 하는 이유

"왜 호피촉은 우리들에게

　소박하게 먹고 조심스럽게 말하라고 했을까?

　이것이 '답이 없는 것도 하나의 답'이라는 말과

　어떤 연관이 있을까?"

　정말 중요한 문제입니다. 아이들과 함께 시를 다시 읽어보세요. 아주 천천히 섬세하게 말이죠. 시인은 왜 소박하게 먹고 조심스럽게 말하라고 조언한 걸까요? '답이 없다는 것도 하나의 답'이라는 구절과 어떤 연관이 있는 걸까요? 아이와 함께 생각해보세요. 그럼 생각보다 매우 빠르게 적절한 답을 찾을 수 있을 겁니다. 질문이 분명한 상태에서는 답도 마찬가지로 선명해지니까요. 평소에는 전혀 생각한 적이 없는 문제도 질문이 선명해지면 답이 생각보다 쉽게 나옵니다. 아이들이 그 놀라운 경험을 해보는 것은 매우 중요합니다.

> "소박하게 먹으라는 것은
> 욕심을 내지 말라는 뜻이고,
> 조심스럽게 말하라는 것은
> 타인을 배려하는 마음을 가지라는 뜻이지."

이 부분에서 아이들은 '소박하다'와 '조심스럽다'라는 단어에 대해서 아주 천천히 오랫동안 생각할 시간을 갖게 될 겁니다. 일상에서는 쉽게 일어나지 않는 귀중한 경험을 하게 되는 것이지요. 오래 생각한 만큼 깊이 알게 될 테니까요. 그렇게 아이들은 오랜 생각 끝에 어떤 문제에 대한 가장 좋은 답은, 스스로 욕심을 버리고 타인을 배려하면 저절로 나오는 것이라는 사실을 깨닫게 됩니다.

세상의 답이 아닌 자신만의 답을 찾는 법

중요한 것은 세상의 답이 아닌 자기 자신만의 답을 찾는 겁니다. 그게 바로 이 흔들리는 세상을 살아가는 귀한 무기가 될 수 있기 때문입니다. 물론 쉽지 않지요. 매우 어렵고 힘든 과정을 통해 발견할 수 있습니다. 어른들은 자꾸 아이 앞에서 '강요'와 '주입'이라는 단어를 꺼내 고통을 주지요. 그러나 모든 강요와 주입은 결국 아이 마음에 상처로 남습니다. 그건 누구에게나 마찬가지입니다. 답을 억지로 찾지 말고, 답을 주려고 애쓰지 말고, 조심스럽게 다가가 '네가 너만의 답을 찾을 때까지 엄마와 아빠는 늘 너의 곁에 있을게.'라는 마음만 아이에게 전해야 합니다. 전해야 합니다. 아이에게 조금이라도 좋은 답을 찾아주려는 그 마음만 전해도, 당신은 부모로서 충분히 멋진 역할을 한 거니까요. 예를 들자면 이런 표현들이죠.

"너에게 맞는 답은 어떻게 찾을 수 있을까?"
"그 답이 너에게 맞는 건지 어떻게 알 수 있을까?"
"생각한 것을 실천하면서
 너에게 더 잘 맞는 답을 찾을 수 있겠지?"

풍선에 바람을 넣는 방법은 아이마다 모두 다를 수 있습니다. 위와 같은 질문을 통해 아이에게 '자신만의 방법을 찾는 사람은 결국 생각한 것을 실제로 실천해본 사람'이라는 것을 알려주면 됩니다. 느리지만 배움의 과정을 성실히 실천해 나가는 아이를 격려하고 따뜻한 마음으로 안아주세요. 아이에게 따뜻한 마음을 주면 결국 좋은 결과로 돌아오니까요.

"엄마, 아빠는 정답이 없다고 생각해.
네가 너와 잘 맞는 답과 방법을
찾을 거라고 믿어.
항상 너의 선택을 믿고
너의 행복을 바라고 있단다."

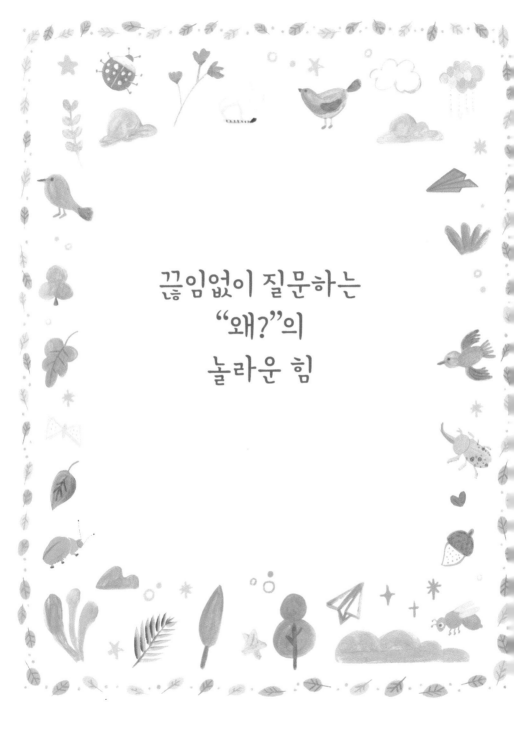

끊임없이 질문하는
"왜?"의
놀라운 힘

라면의 힘

정진아

꼬불꼬불 산길
즉석 라면 배낭에 담고
성큼
아빠 발자국 따라
종종종
올라간다.

차오른 숨
힘 빠진 다리
배 속에선 꼬르륵

"아빠, 라면 먹고 싶어."
"산꼭대기서 먹어야 더 맛있지."

올라간다
올라가

아빠 주먹만 한 라면이
헉헉 지친 나를
산꼭대기로 끌어올린다.

아이에게 친숙한 주제로 질문하기

모든 시는 하나의 풍경을 글이라는 붓으로 그린 언어의 정원입니다. 「라면의 힘」을 읽으면, 등산 중에 당장 라면을 끓여 먹고 싶은 욕망을 제어하지 못하는 아이와 반대로 그 욕망을 활용해서 산꼭대기로 아이를 인도하려는 아빠의 모습이 눈에 그려집니다. 처음부터 산길을 라면에 비유해서 '꼬불꼬불'하다고 표현했기 때문에 더욱 흥미롭게 읽을 수 있지요. 아이와 함께 라면과 관련이 있는 표현을 찾아보는 것도 좋습니다. 그럼 아이도 더 쉽게 이 시를 이해할 수 있게 되니까요. 이런 질문으로 아이의 생각을 자극하며 더욱 더 시를 생생하게 느낄 수 있게 해주세요.

"제목을 왜 「라면의 힘」이라고 정했을까?"

아이들은 아마 다양한 답변을 내놓을 겁니다. 이유가 뭘까요? 매우 중요한 부분입니다. 아이가 좋아하는 소재, 라면이 중심이 된 시라서 그렇습니다. 아이는 짧은 시나 이해하기 쉬운 시를 좋아하는 게 아니라, 자신이 좋아하는 것을 중심 소재로 삼은 시를 가장 좋아합니다. 자주 생각한 거라서 이해하기도 쉽고 이미 수없이 상상했던 광경이라 빠르게 공감할 수 있기 때문입니다. 늘 그렇게 아이 입장에서 생각하면 모든 것이 수월하지요.

과거의 경험에 특별한 의미를 부여하기

이번에는 이미 경험했지만 글과 말로 표현해본 적은 없는 상황에 대해
아이에게 질문해봅시다.

"산꼭대기에서 먹는 라면은 왜 더 맛있을까?"

집에서 혼자 먹을 때보다 산이나 바다에서 자연과 함께 즐기면 라
면의 맛은 배가 됩니다. 이 현상은 누구나 경험했지만 아직은 아무도
제대로 된 이유를 밝힌 적이 없지요. "야외에서 먹으니 당연히 맛있지!"
라며 특별한 의미를 생각하지 않고 지나치기 때문입니다. 이번에는 아
이와 함께 라면의 맛에 대해 진지하게 생각하며 글로 표현하는 시간을
가져봅시다. 글로 남기지 않은 모든 영감은 사라지니까요.

만약 아이가 산꼭대기에서 라면을 먹은 적이 없다면 유사한 경험을
떠올리게 도와주세요. 자전거를 타다가 한강에서 라면을 먹은 기억이
나, 산책을 하다가 중간에 편의점에서 친구들이랑 라면을 먹은 기억도
좋습니다.

"무언가를 마친 후에 밖에서 먹는 라면은

왜 집에서 먹는 라면보다 더 맛있을까?"

정답이 있는 문제가 아닙니다. 모두가 자신만의 생각이 있고 또 그것은 서로 달라서 특별한 것이니까요. 이미 일상에서 느낀 그것을 다시 진지하게 생각하며 언어로 표현할 수 있게 하는 데 그 의의가 있다는 사실을 기억하세요.

호기심을 갖고 끊임없이 질문하는 태도의 가능성

이제는 다양한 가능성에 대해 생각해봅시다. 이 시에서 아이의 아버지는 산꼭대기로 아이를 이끌기 위해서 라면이라는 장치를 활용합니다. 그러나 그건 단지 아버지의 시각일 뿐입니다. 이번에는 아이가 직접 시를 쓰는 시인이 되어볼 차례입니다. 어렵지 않습니다. 라면을 먹는 시기만 조금 조절해서 질문하면 됩니다.

"등산을 시작할 때 라면을 먹고 출발하면 어떨까?

아니면 등산 중간에 힘들 때 라면을 먹으면

더 힘을 낼 수 있지 않을까?"

이렇게 질문하면 이제 이 시를 아이가 제어할 수 있게 됩니다. 시를 외우지 않아도 전체적인 내용을 그릴 수 있게 된다는 말이죠. 스스로 시의 주인공이 된 아이는 다양한 답을 내놓을 겁니다. 이때 아이의 대답을 어른의 시각에 맞추어 재단하지 마세요. 아이의 대답은 모두 소중하니까요.

"처음부터 라면을 먹고 시작하면 배가 불러서 출발하기도 싫을 것 같아요."

"중간에 라면을 먹으면 산꼭대기에 갈 목적이 사라져서 오히려 힘이 빠질 거예요."

"중간 정도에서 라면을 먹을 수 있다면 끝까지 갈 힘을 낼 수 있을 것 같아요."

대상에 대해 깊이 탐구하도록 돕는 3단계 질문법

라면뿐만이 아니죠. 아이들에게도 생각만 해도 힘이 나는 것들이 있습니다. 이를테면 게임이나 좋아하는 운동, 음식, 물건 등이 있을 수 있겠지요. 시를 읽고 단순히 감상만 하는 것보다, 시의 주제에서 언급한 소재를 자기 삶에 적용해서 '내게는 그런 것이 없을까?'라고 생각하고 대상에 대해 탐구하는 과정이 문해력을 높이는 데 도움이 됩니다. 이 과정을 통해 아이는 다른 사람의 입장과 자신의 입장을 동시에 생각할 수 있고, 생각한 것을 글이나 말로 표현하기 때문입니다.

아이가 자신의 생각을 분명한 언어로 표현하게 하려면 다음 3단계 질문을 활용하면 됩니다. 먼저 "라면처럼 너에게 힘을 주는 것이 있니?"라는 질문으로 아이의 생각을 자극합니다. 그리고 그 이유를 묻는, "그게 왜 너에게 힘을 준다고 생각해?"라는 질문으로 아이가 대상에 대해서 깊이 생각하게 합니다. 그리고 마지막으로 "그걸 생각하면 어떤 기분이 들어?"라는 질문을 던지면 아이는 이제 자기 감정을 선명한 언어로 표현할 수 있게 됩니다.

"라면처럼 너에게 힘을 주는 것이 있니?"
"그게 왜 너에게 힘을 준다고 생각해?"
"그걸 생각하면 어떤 기분이 들어?"

'라면'을 다른 대상으로 바꿔 질문해보세요. 그럼 아이는 막연한 이미지로만 존재하던 것들을 자신만의 시각으로 변주해서 표현하게 될 것입니다. 매우 놀라운 일입니다. 높은 문해력을 가진 사람만 할 수 있는 경지이기 때문이죠. 매일 일상에서 3단계 질문법을 통해 아이가 자신에 대해서 더 잘 알 수 있게 도와주세요. 자기 안에 어떤 잠재력이 있는지 스스로 알아야 그게 필요할 때 꺼내서 쓸 수 있으니까요.

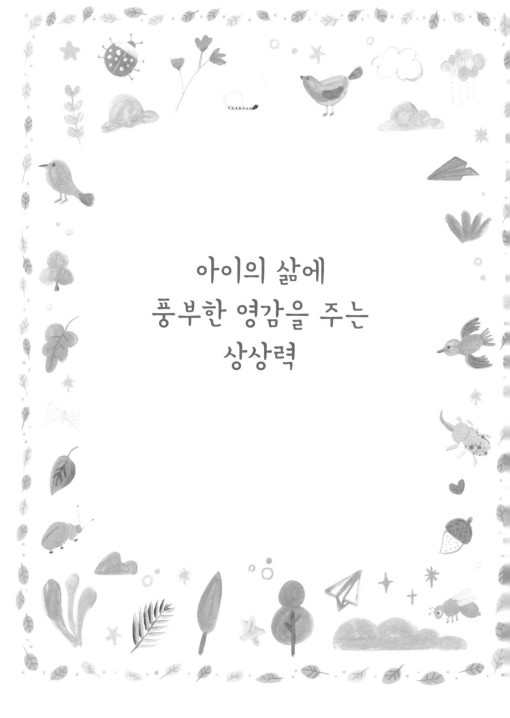

아이의 삶에
풍부한 영감을 주는
상상력

연

차이룽

땅 위에 내려앉은 연은
그저 종이와 실일 뿐입니다.
하지만 둥실둥실 하늘로 떠오르면
연은 춤추고 노래합니다.
하늘을 나는 연은
흥겹게 춤추고 재잘댑니다.
하지만 땅 위로 사뿐히 내려앉으면
그저 실과 종이일 뿐입니다.

사물의 본질을 꿰뚫는 문해력 기르기

이 시가 흥미로운 이유는 사물의 본질에 대해서 생각하게 만들어주기 때문입니다. 뭐든 그 사물의 중심을 볼 수 있어야 생의 영감을 얻을 수 있지요. 보통 우리는 종이와 실로 만든 물체가 하늘을 날 때 그것을 연이라고 부릅니다. 그럼 문해력이 높은 사람이라면, 자연스럽게 이런 호기심이 생기게 되죠.

> "연이 땅에 내려앉았을 때는
> 뭐라고 불러야 좋을까?"

매우 중요한 질문입니다. 안타깝게도 상황을 나눠서 분리하고 그걸 자신의 언어로 정의하지 못하는 사람들 머리에는 떠오르지 않는 질문이기 때문입니다. 이런 질문 자체를 접하는 것만으로도 아이는 내면으로부터의 변화를 느끼게 됩니다. 아예 생각하지 못했던 부분이니까요. 지금 아이에게 질문해보세요. 아마 다양한 답이 나올 겁니다.

"연이라고 부르기로 했으니까 날지 못해도 연이라고 불러야지."

"연이 연이지 그럼 뭐야."

하늘로 떠오른 상태와 땅에 내려앉은 상태를 분리해서 생각하는 게 아이 입장에서는 쉽지 않을 겁니다. 그래서 새로운 생각이 나오기 어렵죠. 처음부터 놀랍고 기발한 생각을 기대할 수는 없습니다. 지금은 아이가 스스로 생각한 것을 말하는 것만으로도 충분한 가치가 있다고 생각하면 됩니다.

다양성을 추구하고 포용하는 아이의 상상력

연은 하늘을 날아가죠. 아이에게 이렇게 질문해보세요.

"연처럼 하늘을 날아가는 게 또 뭐가 있지?"

아이는 같은 기능을 갖고 있지만 종류는 다른 사물을 찾으며 다양성을 추구하고 인정하는 방식을 배우게 됩니다. 그럼 아마 바로 '새'라는 답이 나올 가능성이 높습니다. 자, 새를 조금 더 섬세하게 관찰해보죠. 새의 날개는 하늘을 날 때 사용하는 도구입니다. 그럼 우리는 이런 질문을 할 수 있지요.

"새가 땅으로 내려와
둥지에서 새끼들을 품을 때는
날개를 뭐라고 불러야 할까?"

그때는 날개가 아닌 '방패'라고 부를 수 있습니다. 추위와 적의 공격에서 새끼들을 지켜주는 든든한 방패 역할을 하기 때문이죠. 같은 날개이지만 하늘을 날 때와 둥지에서 새끼들을 품을 때는 용도가 서로 다르기 때문에 다르게 부르는 거죠. 연도 마찬가지입니다. 하늘을 멋지게 날 때는 연이라고 부르면 되고, 땅에 내려와 실과 종이 형태로 존재할 때는 다르게 부르면 됩니다.

"앞에서 새의 날개를 방패라고 불렀으니,
땅에 내려앉은 연은 뭐라고 부를 수 있을까?
상상력을 발휘해보자.
'하늘을 꿈꾸는 종이와 실'이라고 부르면 어떨까?"

물론 정답은 없습니다. 다만 아이들은 부모와 질문하고 대화하는 시 읽기를 통해 사물의 본질을 꿰뚫는 탐구심을 기르고 자신의 상상력을 무한대로 펼칠 수 있지요. 자신이 생각한 대로 사물을 새롭게 정의하는 법도 배우게 됩니다. 이건 매우 중요한 능력입니다. 우리는 스스로 정의한 단어만 더욱 풍부하게 활용할 수 있으니까요.

상상력을 키우는 질문하고 대화하는 시 읽기

자, 이번에는 아이들이 마음껏 상상할 수 있게 해볼까요. 더 넓은 공간으로 생각을 확장하는 겁니다. 아무리 좋은 종이와 튼튼한 실이 만나도 '이것'이 돕지 않으면 하늘을 날아갈 수가 없습니다. '이것'은 과연 무엇일까요? 아이와 함께 생각해보세요. 서로가 서로에게 질문하면서 적절한 답을 찾아내는 연습을 하면 생각하지 못했던 영감이 떠오를 수 있어서 효과가 좋습니다.

"연이 하늘을 날아가려면 무엇이 필요할까?"
"더 멀리 높이 날아가는 연은 뭐가 다른 걸까?"
"아무리 잘 만들어도 날지 못하는 연도 있지. 이유가 뭘까?"

질문을 통해 아이는 적절한 답을 찾아낼 수 있지요. 바로 바람입니다. 종이와 실은 바람이라는 친구를 만나야 비로소 하늘을 자유롭게 날아갈 수 있습니다. 다시 말해서 '하늘을 꿈꾸는 종이와 실'은 바람을 통해 자신의 꿈을 이룰 수 있게 되는 거죠. 이런 방식으로 주변을 상상해서 시에서 나오지 않는 다른 존재를 끌어오는 것도 시 읽기를 통해 즐길 수 있는 아주 특별한 묘미입니다.

시에서 배운 사랑의 자세를 삶에 적용하기

이제 아이는 다음 두 가지 질문을 통해 시에서 받은 영감을 삶에 적용할 수 있게 됩니다.

"바람은 어떻게 종이와 실을 만나게 된 걸까?"
"종이와 실이 자신의 꿈을 이룰 수 있었던
힘은 어디에 있는 걸까?"

먼저 "바람은 어떻게 종이와 실을 만나게 된 걸까?"라는 질문에 아이는 "하늘을 날고 싶은 간절한 꿈을 갖고 있어서 바람과 만날 수 있었어요."라는 식의 답을 내놓을 수 있을 겁니다. 하지만 두 번째 질문에는 아이가 쉽게 답하지 못할 수도 있습니다. 그때 뜻밖의 질문으로 아이의 생각을 살짝 자극해보세요.

"위대한 의사가 되려면 무엇이 필요할까?"

아이들은 아마 의료 기술을 배워야 한다고 답할 가능성이 높습니다. 아이에게 차근차근 설명해주세요.

"위대한 의사가 되려면 의료 기술을 배우기 전에,

먼저 아픈 사람을 사랑해야 한단다.

마찬가지로 멋진 유튜브 크리에이터가 되려면

자극과 재미를 주는 방법을 배우기 전에,

먼저 그걸 시청하는 사람을 사랑해야 하지.

종이와 실도 하늘을 날겠다는 자신을 꿈을 사랑했기 때문에

바람이라는 멋진 친구를 만나 꿈을 이룬 게 아닐까?"

아이가 질문을 통해 '무엇을 배우려고 한다면, 그 배움의 대상을 먼저 사랑해야 한다.'라는 사실을 스스로 깨닫게 해주세요. 사랑은 아이의 삶에서 매우 중요한 역할을 합니다. 사랑을 아는 아이는 어떤 도전과 고통 앞에서도 멈추지 않고 웃으며 정진하니까요.

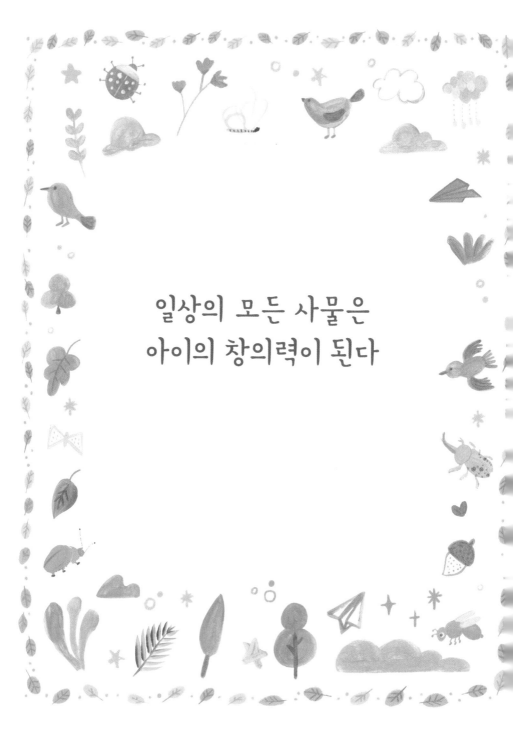

일상의 모든 사물은
아이의 창의력이 된다

시멘트

유용주

부드러운 것이 강하다.
자신이 가루가 될 때까지 철저하게
부서져본 사람만이 그걸 안다.

일상의 사물을 다르게 보는 안목 기르기

주변을 둘러보면 온통 시멘트 세상입니다. 건물로 가득한 도시는 더욱 그렇지요. 그래서 시멘트는 아이들에게 매우 익숙한 대상입니다. 그런 아이들에게 "시멘트는 태어날 때부터 딱딱하고 강했을까?"라는 질문이 매우 우습게 느껴질 수도 있지요. 도시에서 태어나 성장한 아이들은 시멘트가 처음부터 딱딱한 특징을 갖고 있다고 생각할 가능성이 크기 때문입니다. 그 고정 관념을 깨기 위해서 아이들에게 시멘트를 운반하는 레미콘의 기능과 필요성에 대해서 말해줄 필요가 있습니다. 다양한 장난감 모형을 통해서 레미콘을 자주 보긴 했지만 그 안에 무엇이 들어 있으며 커다란 통이 반복해서 천천히, 그러나 멈추지 않고 회전하는 이유는 모를 가능성이 크기 때문이죠.

"레미콘의 커다란 통이 계속해서 돌아가는 이유는 뭘까?"

시멘트는 본래 매우 연약한 액체의 형태인데, 연약한 상태의 시간을 가만히 견딘 후 딱딱해지고 강해진다는 사실을 아이에게 전해주세요. 아이는 세상은 보이는 게 전부가 아니라는 사실을 깨닫는 동시에, 어떤 상황에서든 그 안을 들여다보려는 시도를 하게 될 것입니다.

사물이 간직한 생명성을 알아보는 시선

자, 이제 분석을 시작해보죠. 각종 건축에서 흔히 사용하는 콘크리트는 시멘트 가루와 모래, 자갈을 혼합해서 딱딱하게 굳힌 것입니다. 연약하고 작은 가루들이 만나 세상에서 가장 단단하고 강한 존재로 다시 태어나는 거죠. 그 사실을 알게 되면 이제 아이는 시멘트로 만든 건물을 보며 평소와 다른 생각을 하게 됩니다. 멈춰 있는 존재가 아닌 생명이 있는 존재로 바라보게 되는 거죠. 모든 사물에 나름의 생명이 있다고 생각하는 시선이 바로 창의력의 폭과 깊이를 넓고 깊게 만들어줍니다.

"이건 원래 이런 모양이었을까?"
"자동차는 처음부터 이렇게 빠르게 달렸을까?"
"왜 우리는 모두 영어를 배워야 하는 걸까?"

이처럼 아이들이 어떤 사물을 보거나 익숙한 상황에 놓였을 때, 그냥 아무런 생각 없이 받아들이는 일상에서 벗어나, 적절한 질문을 통해 그 근원을 상상할 수 있는 일상을 살게 해주세요. 근원을 알게 되면 그만큼 상상의 폭도 넓어져 그간 보고 있지만 발견하지 못한 것들도 하나하나 찾아내게 될 테니까요.

종류는 다르지만 비슷한 속성을 가진 사물 찾기

언제 어디서든 인식을 빠르게 전환하기 위해서는, 다른 사물이지만 같은 속성을 갖고 있는 것을 찾아보는 시도를 자주 해보면 도움이 됩니다. 마치 놀이처럼 일상에서 자주 해보세요. 그럼 아이의 생각하는 수준이 매우 빠르게 성장할 수 있습니다. 이번에는 초콜릿을 예로 들어보죠. 아이들이 매우 좋아하는 초콜릿도 녹였다가 시간이 지나면 딱딱하게 굳습니다. 아이들이 좋아하는 것들 중에서 그렇게 시멘트와 유사한 성질을 갖고 있는 것을 찾아보면 생각을 자극하는 데 도움이 됩니다. 조금 더 깊이 생각하게 하려면, 이렇게 물체가 아닌 마음의 변화나 공부 등 자주 마주치는 상황에 비유하는 것도 좋습니다.

> "무언가를 처음 배울 때는 지식의 깊이가 얕아서
> 자주 흔들리고 틀려 상처를 받지만,
> 배우고 또 배워서 지식을 쌓으면
> 어떤 상황에서도 자신의 뜻을 펼칠 수 있는
> 뿌리가 강한 사람으로 성장할 수 있단다."

이런 방식의 변주를 통해 아이는 공간과 마음 그리고 지식을 입체적으로 생각할 수 있는 문해력의 단초를 마련하게 되죠.

부모의 역할은 아이의 발견을 존중해주는 것

아이는 무언가를 발견하는 것을 좋아합니다. 하지만 그보다 더 좋아하는 것은 자신이 발견한 것을 부모에게 말하며 서로 웃고 즐기는 시간이랍니다. 부모의 역할은 대단한 것을 가르치는 게 아니라, 말할 기회를 허락하고 오랫동안 지켜보는 데 있다는 사실을 잊지 말아요. 그리고 아이가 자신이 답변한 내용을 현실에 더욱 적절히 적용하기를 바란다면, 이렇게 다가가보세요. 만약 아이가 '공부'라는 키워드를 제시했다면, 이렇게 질문해보는 겁니다.

> "콘크리트를 시멘트 가루와 모래,
> 자갈을 더해서 만들 수 있는 것처럼,
> '공부'를 구성하는 것에는 뭐가 있을까?"

그럼 아이는 자연스럽게 자신이 노력한 시간이나 공부하는 태도, 의지와 목표 등의 요소를 대답하겠죠. 그럼 그렇게 답하는 과정에서 스스로 지금은 부족하지만 앞으로 공부를 더욱 잘하려면 무엇이 필요한지 깨닫는 시간이 될 것입니다.

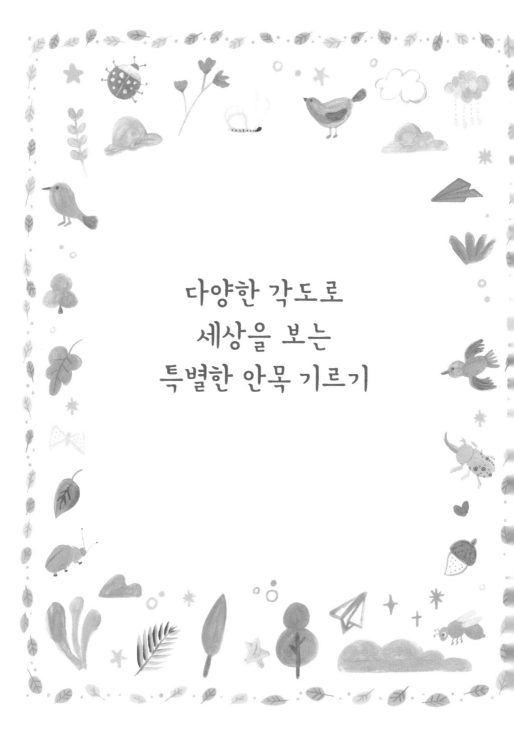

다양한 각도로
세상을 보는
특별한 안목 기르기

엄마야 누나야

김소월

엄마야 누나야 강변 살자
뜰에는 반짝이는 금모래 빛
뒷문 밖에는 갈잎의 노래
엄마야 누나야 강변 살자

시의 풍경을 아이가 자유롭게 해석하도록 도와주기

「엄마야 누나야」라는 시는 아름다운 자연에 살고 싶은 소망을 아이의 목소리로 노래하고 있는 작품입니다. 이 시에서 말하는 '강변'이라는 공간은 아이에게 평화와 행복을 보장해주는 안식처와 따스한 보금자리를 뜻할 수도 있고, 당시 일제 강점기란 상황을 고려하면 일제의 모진 압박을 벗어난 어떤 이상적인 공간이라고 생각할 수도 있죠. 하지만 시를 반복해서 읽다 보면 저절로 이런 의문이 생기죠. 그 의문을 그대로 아이에게 질문해주세요.

> "강변은 사람이 집을 짓고 살 수 있는 곳은 아닌데,
> 왜 강변에 살자고 말한 걸까?"

아이가 강변에 대한 이해를 하지 못한다면 서울의 한강을 예로 들어주면 됩니다. 그게 아니라도 각자 아이가 알고 있는 강을 예로 들며 "너라면 강변에서 살 수 있겠어?"라고 묻는 거죠. 이때 중요한 부분은 "살기 힘들지 않을까?" "네가 좋아하는 게임도 하지 못할 거야."라는 식으로 대답의 방향을 하나로 몰아가면 좋지 않다는 사실입니다. 물론 아이가 "나는 강변이 좋아."라고 답하며 그 이유에 대해 다소 비현실적인 것들을 말할 수도 있습니다.

"매일 별을 볼 수 있잖아."

"수영도 매일 할 수 있으니까."

어떤 말이든 아이의 생각을 존중해주세요. 이 질문의 목적은 아이가 시의 풍경이 된 장소를 생생하게 눈으로 그릴 수 있게 돕는 데 있다고 생각하면 됩니다.

아이에게 필요한 것은 암기력이 아닌 '발견하는 눈'

이 시는 내재율의 서정시로 분류할 수 있습니다. 동시에 동시와 민요의 감각도 녹아 있지요. 그러나 이것들은 외우면 누구나 알 수 있는 정보입니다. 이 지점이 매우 중요합니다. 시는 공부해야 하는 과목이 아니기 때문입니다. 우리 아이에게 필요한 것은 '암기할 정보'가 아니라, '발견하는 안목'이라는 사실을 기억하며 시에 접근할 필요가 있습니다.

시에 없는 것이 무엇인지 살펴보면 시에 나타나 있는 것을 더욱 확실하게 알 수 있습니다. 상상해야 현실을 더욱 명확하게 볼 수 있는 셈이죠. 여기서 그 역할을 하는 질문은 바로 이것입니다.

"우리 가족은 어떻게 구성되어 있지?"

그럼 아이는 "엄마, 아빠, 그리고 내가 있지."라고 답하며 순간적으로 이런 깨달음을 얻게 될 겁니다.

"어, 왜 이 시에는 아빠가 나오지 않았지?"

그러면서 아이는 자신의 시각을 바꿀 매우 멋진 질문을 창조하게 됩니다.

"시 속 아이는 왜 엄마와 누나만 부르고,
아빠는 부르지 않았을까?"

「엄마야 누나야」를 통해 아이는 모든 가정에 아빠나 엄마가 있는 것은 아니며 그게 전혀 이상한 것이 아니라는, 세상을 바라보는 균형 잡힌 시각도 갖게 됩니다. 사람이 사는 방식은 다양하니까요. 시에 있는 사물과 존재를 보며 반대로 없는 것을 상상할 수 있다면 이렇게 다양한 각도로 세상을 바라볼 수 있습니다.

참신한 대답을 이끌어내는 시적인 질문들

"시 속 아이는 강변에서 살고 싶대.
그럼 너는 어디에서 살고 싶어?"

상황을 해석하고 다양한 분석을 하는 과정에서 아이가 아빠를 부르지 않았던 이유와 강변에 살자고 한 이유에 대해 충분히 이야기를 나눴으니, 이번에는 생각을 전환해서 "너는 어디에 살고 싶니?"라는 질문을 해보는 게 좋습니다. 공간을 이동해보는 거죠. 이를 통해 아이는 시에서 나오는 이야기를 마치 자신이 겪는 것처럼 느낄 수 있어, 어른들이 상상하지 못한 답을 할 수도 있습니다. 실제로 시 읽기 수업을 하다가 한 아이에게 신선한 답변을 듣기도 했습니다.

"저는 강변은 추워서 싫어요. 대신 와이파이가 잘 터지는 집이라면 좋을 것 같아요."

이게 아이들의 진심이겠죠. 이 아이가 시를 썼다면 아마도 '엄마야 누나야 와이파이 잘 터지는 곳에 살자'라고 시작하는 시를 썼을 수도 있습니다. 전혀 특이하거나 놀라운 일이 아닙니다. 요즘 아이들은 와이파이를 중요하게 생각하기 때문이지요. 언제나 아이들은 "와이파이가 잘 터지는 집에서 살고 싶어요." 등등 부모의 예상을 뛰어넘는 엉뚱한 답을 내놓는 재주를 가지고 있습니다. 이때 부모의 역할은 아이의 대답을 존중하고 부모로서 적절한 답변을 하는 것임을 기억하세요.

아이의 사고를 확장시키는 대화법

만약 실제로 아이가 와이파이가 잘 터지는 곳에서 살고 싶다는 답을 한다면 어떻게 해야 할까요? 또한 게임을 자유롭게 할 수 있는 세상에서 살고 싶다고 답할 수도 있죠. 아이들의 생각은 짐작하기 쉽지 않습니다. 부모와 아이 세대가 가진 생각의 간격 때문이라고 볼 수 있습니다. 그러나 아이가 어떤 놀라운 답변을 내놓든, 이런 질문으로 현실에 적용할 방법을 생각하게 하면 됩니다.

"그런 곳에서 살기 위해서는 무엇이 필요할까?"

질문을 통해 일상에서 할 수 있는 것을 찾아보는 시간을 가지는 거죠. 다양한 답이 나올 수 있습니다.

"와이파이 신호가 잘 잡히는 곳에 있어야 해요."

"공유기 성능이 좋은 곳."

"게임만 하고 살아도 될 정도로 돈이 많아야 돼요."

그러나 이 대답 자체는 현실에서 무엇을 실천하게 만들지는 못합니다. 아이에게 다시 질문해보세요.

"그런 것들은 약간의 돈만 있으면 할 수 있는 일이지.

그럼 아이는 돈 외에, 우리 삶을 이루는 다양한 요소들을 떠올려보게 됩니다.

"게임은 재미있지만 적당히 해야 하고 내가 할 일을 제 시간에 하는 게 중요해요."

"와이파이 신호가 잘 잡히는 것도 좋지만 그 신호로 인터넷 검색을 하고 나에게 필요한 정보를 스스로 찾아볼 수 있어요."

「엄마야 누나야」라는 시를 읽으며 아이는 따스한 마음을 느낍니다. 더 나아가 보통의 교육으로는 접하기 힘든 다양한 시각을 갖게 되며 세상을 보는 특별한 눈을 갖게 되지요. 세상은 아이의 잠재력을 정의할 수 없습니다. 세상을 보는 아이의 몫이기 때문이죠.

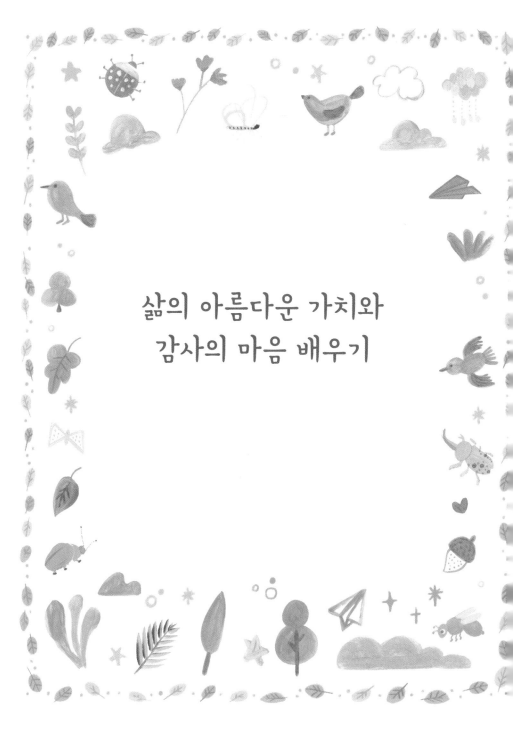

삶의 아름다운 가치와
감사의 마음 배우기

의자

이정록

병원에 갈 채비를 하며
어머니께서
한 소식 던지신다

허리가 아프니까
세상이 다 의자로 보여야
꽃도 열매도, 그게 다
의자에 앉아 있는 것이여

주말엔
아버지 산소 좀 다녀와라
그래도 큰애 네가
아버지한테는 좋은 의자 아녔냐

이따가 침 맞고 와서는
참외밭에 지푸라기도 깔고
호박에 똬리도 받쳐야겠다
그것들도 식군데 의자를 내줘야지

싸우지 말고 살아라
결혼하고 애 낳고 사는 게 별거냐
그늘 좋고 풍경 좋은 데다가
의자 몇 개 내놓는 거여

의자를 보며 희생과 감사의 마음을 배우는 법

의자는 우리에게 정말 친근한 물건입니다. 인간은 하루 중 거의 대부분의 시간을 눕거나 앉아서 보내게 되기 때문이죠. 그저 '의자가 뭐 다 그렇지.'라고 쉽게 생각하며 지나칠 수도 있지만, 이렇게 시각을 바꿔서 바라보면 다른 의자가 보입니다. 아이와 함께 낭독해보세요.

"우리를 지탱해주는 의자를 보면
어떤 생각이 드니?"
"어딘가에 몸을 의지해서 앉는다는 것은,
그리하여 의자에 앉아 얼마간의 시간을 보낸다는 것은
참 아름다운 일이야."

꽃에게는 세찬 바람에도 사라지지 않고 자신을 지켜주는 줄기라는 의자가 있지요. 줄기가 있어 꽃이 마음껏 서 있을 수 있는 것처럼, 우리도 마찬가지로 삶을 지탱해주는 고마운 것들이 있어 자신의 가치를 세상에 전하며 살 수 있습니다. 아이와 함께 시선을 바꿔 보이지 않는 곳을 바라보세요. 세상의 모든 꽃이 줄기라는 의자가 있어 자신의 아름다운 모습을 뽐낼 수 있다는 사실을 발견할 수 있다면 우리의 삶은 온통 아름답게 바뀔 것입니다. 시에서도 말하죠. 허리가 아프면 세상 모든

게 의자로 보인다고. 시를 통해 아이는 누군가를 위해 희생하는 존재를 알아보고, 저절로 감사하는 마음을 가지며 일상의 아름다운 가치를 깨닫게 될 것입니다.

질문을 통해 아이의 사고를 확장시키기

아이들이나 어른들 모두 마찬가지죠. 의자는 마치 공기처럼 당연한 존재로 느껴집니다. 하지만 과연 그럴까요? 다음 질문을 통해 아이는 기초적인 지식이 없어도 사물의 원리와 역사를 들여다볼 수 있는 안목을 갖게 됩니다.

"의자는 누가, 어떤 목적으로 만들었을까?"
"아주 오래전 의자는 신분이 높은 사람이 앉았을까,
아니면 다리가 아프거나 나이가 많은 사람이 앉았을까?"
"그럼 세상에서 가장 먼저 의자에 앉았던 사람은 누굴까?"

아이와 함께 서로 질문하며 생각을 발전시켜보세요. 간혹 중세 시대를 그린 그림을 보면 귀족 신분이거나 그 지역을 다스리는 영주 의자의 등받이가 매우 높다는 사실을 알 수 있습니다. 의자는 수천 년 이상의 역사를 가지고 있습니다. 그러나 당시에는 누구나 사용하는 일상의 물건이 아닌, 자신의 위치나 계급을 보여주기 위해 사용되었죠. 앉기 위한 목적이 아니었던 것입니다. 쉽게 말해서 권위의 상징인 것이죠. 이렇게 지금 우리 사는 세상에 꼭 필요한 것들 중 일부는 때로 이기적인 목적으로 창조된 것도 있답니다. 여기에서 우리는 이런 멋진 발견을 아이에게 전할 수 있습니다.

"좋은 의도에서 시작한 창조가
때로는 최악의 결과를 내기도 하고,
나쁜 의도에서 시작한 창조가
최고의 결과를 내기도 한다."

결국 중요한 건 무언가를 하는 사람만이 세상에 필요한 무언가를 만들 수 있다는 것입니다. 그렇게 16세기까지 흔하지 않았던 의자가 조금씩 대중에게 소개가 되었고, 그 가치를 깨닫게 된 사람들에 의해서 지금처럼 대중화가 된 셈이죠.

주변의 고마운 존재들을 하나씩 떠올려보기

세상을 살다 보면 수많은 고민거리와 싸움을 만나게 됩니다. 아이도 어른도 노인도 모두 마찬가지죠. 하지만 「의자」는 놀라운 해결책을 제시합니다. 바로 이 대목이죠.

> '싸우지 말고 살아라
> 결혼하고 애 낳고 사는 게 별거냐
> 그늘 좋고 풍경 좋은 데다가
> 의자 몇 개 내놓는 거여'

괜히 싸우지 말고 서로가 서로의 쉴 만한 의자가 되어주라는 지혜로운 조언입니다. 지금도 세상에는 우리를 존재하게 돕는 수많은 의자가 있습니다. 부모님과 주변 어른, 선생님과 친구들 역시 모두 그런 고마운 존재입니다. 사는 것 자체가 감사할 일인데, 왜 우리는 이렇게 감사하는 삶을 사는 게 힘이 들까요? 간단합니다. 감사는 그 이유를 발견해야 하는 것이라 그렇습니다. 감사라는 감정은 수줍음이 많아서 스스로 나타나지 않습니다. 우리가 나서서 하나하나 발견해야 그제야 품에 안겨 자신을 드러내죠. 다음 단계인 '현실 적용 질문'을 통해서 아이가 감사할 이유와 대상을 발견할 수 있는 방법을 배워보죠.

나의 의자가 되어주는 사람은 누굴까?

앞서 말한 것처럼 감사하며 살기 위해서는 아이 스스로 감사할 것들을 찾아야 합니다. 눈으로는 볼 수 없는 것을 발견해야 하기 때문에 쉽지 않은 일이죠.

아이가 상황과 사건의 보이지 않는 이면을 발견할 수 있도록 이렇게 질문해보세요.

"네가 힘들 때, 너의 의자가 되어주는 사람들은 누구야?
네가 좋은 결과를 내고 힘이 나도록 도와주는 존재들.
동물, 사물도 좋아."

보이지 않는 곳까지 볼 수 있는 능력을 갖게 되면 뭐가 좋을까요? 하나만 알고 둘은 모르던 시절에서 벗어날 수 있다는 것이 가장 큰 기쁨입니다.

시험에서 좋은 성적을 받으면 가장 먼저 어떤 생각이 들죠?

"내가 잘했으니 선물 달라고 해야겠다."

"이번에는 뭘 달라고 할까?"

이에 그치지 않고 아이가 눈에는 보이지 않는 삶의 아름다운 가치를 발견할 수 있도록 이끌어주세요.

"선생님 덕분에 내가 좋은 성적을 받을 수 있었지."
"부모님이 지금까지 믿고 기다려주셔서
내가 실수하지 않고 시험을 볼 수 있었어."

그럼 어떻게 될까요? 아이는 보이지 않는 곳에서 자신에게 힘을 주고 믿어준 사람에게 감사하게 됩니다. 시에서 나온 것처럼 자신이 줄기라는 의자에 앉아 있는 꽃이라는 사실을 알게 되면서, 나를 지탱해주는 수많은 의자에 감사하는 마음을 갖게 됩니다. 모든 사물과 사건에는 반드시 이면이 존재하며, 아무도 짐작하지 못하는 비밀스러운 이야기가 담겨 있답니다.

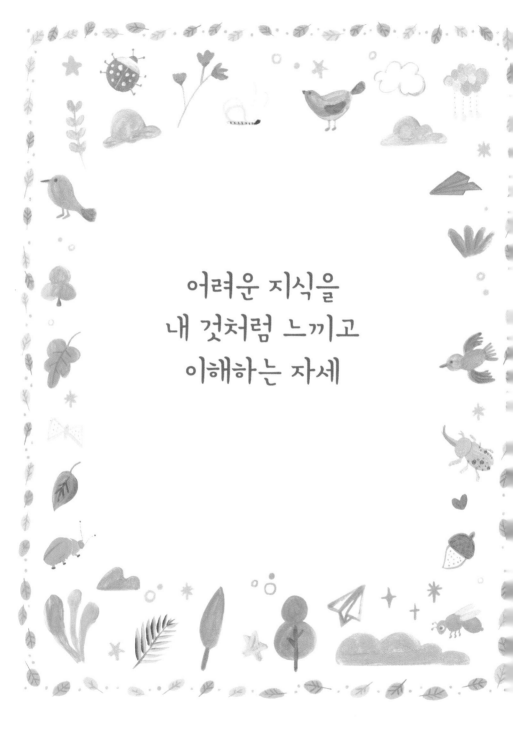

어려운 지식을
내 것처럼 느끼고
이해하는 자세

구름을 보고

권태응

구름을 보고
몽실몽실 피어나는
구름을 보고
할머니는 "저것이 모두 목화였으면!"

포실포실 일어나는
구름을 보고
아기는 "저것이 모두 다 솜사탕이었으면"

할머니와 아기가
양지에 앉아
구름 보고 서로 각각 생각합니다.

이해력을 높이는 질문 자극들

만약 목화로 옷을 만들 수 있다는 사실을 아직 모르는 아이라면, 이 시가 말하는 내용을 이해하기 쉽지 않을 겁니다. 솜사탕은 즐겁게 먹을 수 있으니 갖고 싶다는 바람을 가질 수 있지만, '목화는 대체 뭔데 할머니가 그렇게 갖고 싶어하는 걸까?'라는 의문을 품을 수 있죠. 여기에서 잠깐. 지금 목화로 옷을 만들어 입을 수 있다는 사실을 아이에게 알려주려고 했나요? 세상 모두가 아는 지식을 알려주기 전에, 먼저 아이가 스스로 자기 생각을 꺼낼 수 있게 충분한 시간을 허락해주세요. 단계별로 이런 질문을 던지는 거죠.

> "왜 할머니는 구름이 목화이기를 그토록 바라는 걸까?"
> "솜사탕보다 목화가 더 귀중한 존재인가?"
> "그럼 대체 목화는 어디에 사용하는 걸까?"

부모가 적절하게 질문하고 아이들에게 생각할 시간만 충분히 주면, 자신의 답을 내놓기 위해 꼬리에 꼬리를 물고 질문과 답변을 반복하게 됩니다. 하나하나 차근차근 힌트를 주며 생각을 자극해주세요.

> "목화가 구름과 닮은 이유가 뭘까?"

"둘 다 솜처럼 포근하기 때문이지."

"그럼 솜으로 뭘 만들 수 있지?"

"그래 우리가 입는 옷을 만들 수 있단다.

그래서 목화의 꽃말이 '어머님의 사랑'이란다."

이렇게 질문과 대화를 반복하며 아이는 시를 이해하는 동시에 스스로 배우게 됩니다. 적절한 질문이 아이의 생각을 자극해서 몰랐던 사실도 저절로 깨닫게 되는 거죠.

모르는 것을 스스로 깨우치게 하는 힘

생각해보면 목화도 솜사탕과 마찬가지로 모두 같은 '솜'입니다. 같은 솜이지만 아이는 먹을 수 있는 '달콤한 솜'을, 할머니는 입을 수 있는 '따뜻한 솜'을 떠올린 것입니다. 눈으로 볼 때는 같은 형태의 솜이지만, 다른 가치를 본 셈이지요. 이것이 바로 기계는 흉내낼 수 없는 '인간의 가치'입니다. 같은 사물도 다르게 볼 수 있고, 때에 따라서는 다르게 판단할 수 있다는 것이 인간만이 가진 근사한 매력이지요.

아이들이 시를 읽어야 하는 이유는 동심과 상상력을 자극하기 위해서만은 아닙니다. 분명한 이유는 따로 있죠. 그것은 바로 아직 배우지 않은 것을 스스로 깨우치고, 모르는 것을 저절로 알게 하는 힘을 기르기 위해서입니다.

세상에는 세 가지 종류의 사람이 있습니다. 하나는 아무리 가르쳐도 깨우치지 못하는 사람, 또 하나는 가르친 것만 깨우치는 사람, 마지막 한 사람은 바로 가르치지 않아도 저절로 깨우치는 사람입니다. 우리는 시 읽기를 통해 세 번째 인간으로 아이를 키울 수 있고, 이것이 바로 이 책의 가치입니다. 그 시작이 바로 같은 것을 바라보며 다른 것을 발견하는 것입니다. 솜처럼 생긴 구름을 바라보며, 누군가는 그것을 솜사탕으로 혹은 목화로 바라보는 이유를 구분하며 설명할 수 있다면, 그 아이는 더 다양한 세계를 바라볼 안목을 갖게 되겠지요.

같은 것을 보며 다른 생각을 하는 이유가 뭘까?

사람들은 결국 거의 비슷한 것을 보며 살아갑니다. 돈이 많거나 지위가 높다고 특별한 것을 보거나 전혀 다른 세상에서 살아가는 것은 아닙니다. 비슷비슷한 것을 보고 듣고 느끼며 살게 되지요. 그래서 중요한 것이 같은 세상에 존재하면서 다른 것을 볼 수 있는 능력이고, 거기에 일조하는 것이 바로 비유하는 능력입니다. 우리가 시를 읽고 분석하는 이유도 거기에 있죠. 시에서 비유는 하나의 기능이 아닌, 시의 전체를 보여줄 정도로 큰 비중을 차지합니다.

이 시에서는 구름을 각각 목화와 솜사탕으로 비유를 했지요. 시를 이해하고 분석하며 읽는 것에 머물지 말고, 아이만의 비유도 하나 생각할 수 있게 기회를 제공하는 게 더욱 중요합니다. 이렇게 생각을 조금씩 발전시키면 되죠.

"너는 구름을 보면 어떤 생각이 나니?"

이때 이런 방법을 사용하면 아이가 조금은 수월하게 비유를 할 수 있게 됩니다. 예를 들어 아이가 구름을 보며 만화책이 생각난다고 말했다면 이런 식으로 설명하게 하는 거죠.

"저는 구름을 보면 만화책이 생각나요. 아무리 보고 또 봐도 질리지 않기 때문이죠."

이 비유의 공식을 아이와 질문, 대답을 통해 연습하는 것도 좋습니다. 먼저 보고 생각난 것을 하나의 문장으로 나열하고, 다음 문장에서 "~이기 때문이죠."라는 식으로 표현하는 겁니다. 이런 방식으로 표현하면 아이는 사물을 자기 방식으로 비유하고 표현할 수 있게 됩니다. 세상을 바라보는 아이의 눈과 마음도 깊고 넓어질 거예요.

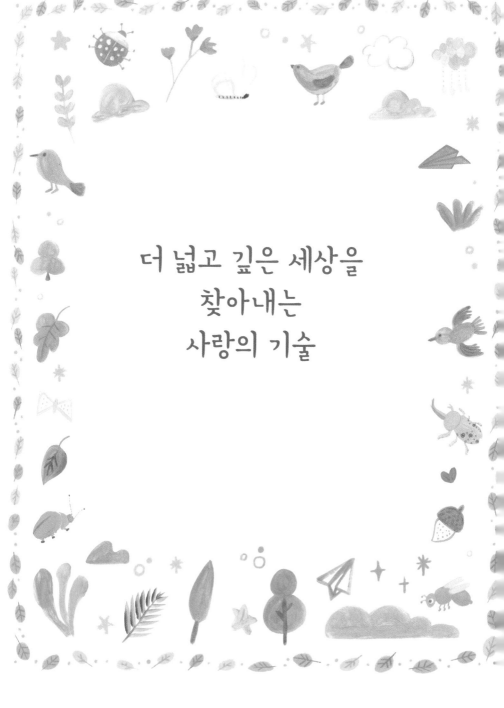

더 넓고 깊은 세상을
찾아내는
사랑의 기술

풀

김수영

풀이 눕는다
비를 몰아오는 동풍에 나부껴
풀은 눕고
드디어 울었다
날이 흐려서 더 울었다
다시 누웠다

풀이 눕는다
바람보다도 더 빨리 눕는다
바람보다도 더 빨리 울고
바람보다 먼저 일어난다

날이 흐리고 풀이 눕는다
발목까지
발밑까지 눕는다
바람보다 늦게 누워도
바람보다 먼저 일어나고
바람보다 늦게 울어도
바람보다 먼저 웃는다
날이 흐리고 풀뿌리가 눕는다

바람은 어떤 마음으로 풀을 바라보았을까?

김수영 시인의 「풀」은 정말 유명한 시죠. 아이들이 크면 교과서에서 만날 수밖에 없는 시라서 더욱 의미가 있습니다. 아무런 준비 없이 교과서에서 처음 만나게 되면 결국 시는 '외우고 공부해야 하는 대상'이 될 수밖에 없으니까요. 사실 교과서에서 배우는 배경지식은 시를 읽는 데 별 도움이 되지 않습니다. 모두 한 방향으로만 읽게 만드니까요.

아이와 함께 교과서적인 상식에서 벗어나, 새로운 눈과 마음으로 시를 읽어봅시다. 바람을 부정적인 대상이 아닌 좋은 마음을 가진 대상으로 바라보고 이 시를 읽으면 어떨까요? 그럼 풀에게 바람은 저항하며 견뎌야만 하는 대상이 아니라, 늦은 밤에도 잠들지 못하는 자신을 살살 달래며 기분 좋을 정도로 뺨을 스치는 부모님의 손길과도 같은 존재가 됩니다. 험난한 세상에 바람이 있어, 풀은 모든 것을 내려놓고 고개까지 숙이며 마음껏 잠들 수 있는 게 아닐까요. 세상은 바람이 풀을 못살게 괴롭힌다고 생각하겠지만, 그럼에도 풀을 사랑하는 바람은 오늘도 그런 오해를 견디며 잔잔하게 다가가 잠들지 못하는 풀을 위해 자신의 하루를 모두 바치고 있습니다.

이렇게 아이가 자신이 꺼낼 수 있는 가장 긍정적인 마음으로 시를 읽게 해주세요. 매사에 부정적인 아이도 그런 방식의 시 읽기를 통해 긍정적으로 나아질 수 있답니다. 좋은 마음이 좋은 태도를 만드니까요.

비현실적인 이야기를 아이에게
자주 들려주어야 하는 이유

바람보다 늦게 누워도 바람보다 먼저 일어난다는 것. 사실 현실적으로 불가능한 이야기입니다. 풀이 바람보다 빠르게 눕는 것은 말이 되지 않는 현상이니까요. 그러나 그래서 더욱 가치가 있는 문장입니다. 시에서만 목격할 수 있는 귀한 시간이기도 합니다.

아이가 누구도 넘볼 수 없는 자신만의 멋진 생각을 하기 위해서는 먼저 고정 관념에서 벗어날 수 있어야 합니다. 세상이 말하는 현실과 생산성, 그리고 효율에서 자유를 즐길 수 있어야 하죠. 그렇게 둘 중 하나를 선택하는 삶에서 벗어나 문제 자체를 스스로 창조할 수 있는 아이로 키우려면, 현실적으로 불가능한 것을 자주 바라보며 감성을 키울 필요가 있습니다. 부모가 말버릇처럼 하는 "엄마가 좋으냐, 아빠가 좋으냐?"라는 양자택일적 질문도 좋은 것만은 아니죠. 부모 중 한 명을 고르는 것이 아니라, 함께 존재할 때 더 따스해지고 완벽해진다는 사실을 아는 게 중요합니다. 이런 교육과 질문을 받은 아이라면 바람보다 풀이 빠르게 눕는 이유에 대하여 자신만의 감성이 가득한 답을 찾을 수 있을 겁니다.

"바람이 힘들어 보여서 걱정한 풀이

스스로 허리를 굽혀 누웠을 것 같아요."

아이가 억지로 하나의 답을 선택하게 하지 말고, 현실에서는 불가능하지만 상상 속에서는 얼마든지 가능한 이야기를 능한 이야기를 자주 접하게 해주세요. 그럼 아이의 감성은 더욱 풍부해집니다.

바람이 불면 풀은 왜 눕는 걸까?

바람이 불 때마다 풀이 흔들리며 눕는 모습은 매우 자연스러운 자연의 풍경 중 하나입니다. 그러나 그냥 바람이 부니까 풀이 눕는 것이라는 시선에서 벗어날 수 있다면, 우리는 새로운 사실 하나를 발견할 수 있습니다. 우리가 코로나 바이러스 감염자가 되지 않기 위해 마스크를 착용하는 이유는 뭘까요? 매우 간단합니다. 감염자가 내쉰 공기 안에 있는 바이러스의 침투를 막기 위해서죠. 감염병의 기준에서 보면 매우 불행한 일이지만, 시각을 바꿔서 공존의 가치에서 보면 매우 따스한 일로 생각할 수도 있습니다.

풀과 바람도 마찬가지입니다. 바람이 불어서 눕는 게 아니라 같은 공간에서 몸을 부대끼며 살고 있기 때문에 서로가 서로에게 영향을 주고 있다고 생각할 수 있지요. 코로나 바이러스는 분명 우리에게 엄청난 고통을 주고 있지만, 그 안에서 분명 좋은 가치도 발견할 수 있습니다. 마스크를 쓰는 이유는 우리가 서로 같은 공간에서 같은 공기를 나눠 마시고 있기 때문이고, 다르게 표현하면 상대가 마시고 내쉰 공기를 내가 마시고 내쉬고 있다는 말이며, 우리 모두가 서로에게 영향을 미치는 소중한 존재라는 사실을 증명하는 일이기도 하기 때문입니다. 가슴 아픈 현실이지만, 그것 역시도 공존하며 살고 있기에 겪는 일이라고 볼 수 있는 거죠. 그 사실을 알게 되면 아이도 이제 풀과 바람을 바라보는 시선을 조금 바꿔서 입체적으로 생각할 수 있게 될 겁니다.

서로 사랑하며 살기 위해서는 무엇을 해야 할까?

지금까지의 과정을 통해 아이는 풀과 바람은 싸우거나 서로 증오하는 관계가 아닌 사랑하며 공존하는 따뜻한 사이라는 사실을 알게 됩니다. 그럼 자연스럽게 이런 질문이 나오죠.

"서로 사랑하며 살기 위해서
우리는 무엇을 해야 할까?"

사랑은 과연 뭘까요? 바람과 풀의 관계를 보며 아이는 사랑의 본질에 대해 조금이나마 깨닫게 됩니다. 바로 '생각'이죠. 늘 생각하고 염려하는 그 마음 말이죠. 고어(古語)로 '사랑한다'라는 말은 '생각한다'라는 말을 의미했습니다. 결국 누군가를 사랑한다는 것은, 그 누군가를 생각하는 것을 의미합니다. 사랑하지 않으면 생각할 이유도 없는 거니까요.

그래서 생각과 고민은 전혀 다릅니다. 고민은 사랑이 없는 감정에서 나오는 것들이고, 생각은 반드시 사랑 안에서 이루어지는 것이기 때문입니다. 누군가를 앞에 두고 고민한다면 그를 사랑하지 않는 것이고, 마찬가지로 어떤 일을 두고 고민한다면 그 일을 사랑하지 않는 것입니다. 이 이야기는 아이가 앞으로 살아가며 겪는 수많은 일을 지혜롭게 처리하는 데 큰 도움이 될 겁니다. 나를 고민하게 만드는 일은 하지 않는 것이 자신에게 좋다는 사실을 알게 되었으니까요. 생각만으로 인생을 가득 채워야 그 사람이 빛납니다. 사랑은 늘 우리를 고민이 아닌 생각을 하게 만들고, 자신만의 빛을 낼 수 있게 만드니까요.

3부
——
사고력과 표현력을
키워주는
통찰의 언어

언어 감각을
훈련하는
시 읽기

서시

윤동주

죽는 날까지 하늘을 우러러
한 점 부끄럼이 없기를
잎새에 이는 바람에도
나는 괴로워했다.
별을 노래하는 마음으로
모든 죽어가는 것을 사랑해야지
그리고 나한테 주어진 길을
걸어가야겠다.

오늘 밤에도 별이 바람에 스치운다.

배경지식보다는 시인의 감정을 먼저 헤아리기

아이들이 시를 읽어야 하는 이유는 무엇일까요? 시는 주변에서 일어나는 모든 상황과 감정을 매우 섬세하게 압축한 언어로 구성한 예술이라, 아이의 언어 감각을 훈련하는 데 큰 도움이 되기 때문입니다. 윤동주 시인의 「서시」는 감정을 강하게 압축해서 쓴 시이기 때문에 언어 감각을 기르는 데에 가장 적합한 시라고 볼 수 있지요. 부모가 명심해야 할 것은 시에 대한 모든 정보를 아이에게 미리 알려줄 필요는 없다는 사실입니다. 시를 처음 접하는 도입 부분에서는 먼저 아이가 스스로 자신의 생각을 확인하는 게 중요하기 때문에 일제 강점기라는 시대적 배경은 알려주지 않은 채로 질문하는 것이 좋습니다. 배경지식 없이도 아이가 시인의 감정을 헤아리고 마음을 표현할 수 있도록 이끌어주세요.

  "시인은 왜 모든 죽어가는 것들을
   사랑하겠다고 말했을까?"

이 질문에 아이들은 생각보다 더 자유롭게, 솔직한 감정을 자신만의 언어로 표현할 겁니다.

  "사라지는 별이 안타까워서요."

"연약한 잎새가 바람에 흔들리는 모습을 보면

왠지 모르게 슬플 것 같아요."

시인의 생각과 표현 방식을 되짚어보기

이번에는 아이에게 '일제 강점기'라는 시의 배경지식을 알려주고 다시 질문해볼까요? 그럼 이렇게 대답할 가능성이 큽니다.

"일본의 침략자들과 싸우다가

목숨을 잃은 사람들을 사랑한다는 말 같아요."

여기에서 중요한 지점은 시의 배경을 알고 감상할 때와, 모르고 감상할 때 자신의 대답도 바뀐다는 사실을 아이 스스로 실감하게 된다는 것입니다. 그리고 아이는 모든 생각은 상황에 따라 바뀔 수 있다는 것을 '타인의 주입'이 아닌 자기 의지로 깨닫게 됩니다. 조금 더 섬세한 질문을 해볼까요?

"윤동주 시인은 왜 '모든'이라고 표현했을까?

왜 '모든' 죽어가는 것들을

사랑하겠다고 표현한 걸까?"

질문이 구체화되면 아이의 생각도 점점 선명해집니다. 죽음에 대한 다양한 시선으로 아이와 이야기를 나누어보세요.

"사람, 식물 등등 자연이 죽는 것을
모두 슬퍼한다는 뜻이 아닐까?"
"아까 '일제 강점기'가 이 시의 배경이라고 했잖아.
한국인의 죽음만 슬픈 것이 아니라
전쟁으로 죽어간 일본인의 죽음도 슬프다는 뜻 같아."

아이는 질문하고 대화하는 과정을 통해 시를 섬세한 시각으로 읽을 수 있게 되고 윤동주 시인이 생각하는 사랑을 헤아리게 됩니다. '모두'라는 표현에는 모든 사람을 공평하게 사랑하는 윤동주 시인의 고귀한 마음이 녹아 있지요. 차마 측정하기도 힘든 거룩한 마음입니다. 아이들은 이 시를 통해 사랑의 넓이와 깊이를 배우고, 그만큼 사랑을 표현하는 언어 감각도 키우게 될 것입니다.

내 아이가 가장 간절하게 사랑하고 아끼는 것

여기까지 이야기를 들려주면 보통의 아이들은 이런 의문을 갖게 되죠.

"일본군은 우리를 괴롭힌 나쁜 사람들이잖아요. 그런데 왜 그들의 죽음까지 가슴 아파해야 하는 거죠?"

당연히 아이가 쉽게 이해할 수 있는 문제는 아니죠. 그럴 때 평화와 생명을 존중하고 사랑했던 윤동주 시인이 남긴 말을 들려주세요.

"손을 잡으면, 다들 착한 사람들입니다."

윤동주 시인은 세상에 나쁜 사람은 없다고 생각했습니다. 더 자세하게 말하자면 죽여도 되는 생명은 없다고 생각했지요. 아이가 윤동주 시인의 평화를 중시하며 생명을 사랑하는 마음을 알게 되었다면, 간절하게 무언가를 사랑하고 아낀다는 것이 무엇을 의미하는지 깨닫게 되었을 것입니다. 더불어 사랑하고 아끼는 것을 위해 자신이 무엇을 해야 하는지도 스스로 생각해보게 되지요. 깨달음은 이처럼 꼬리에 꼬리를 물고 아름답게 연결됩니다.

사람이든 물건이든 상관없이 아이가 가장 아끼고 사랑하는 것이 무엇인지 물어봐주세요. 이 시를 읽고 감상하며 아이는 그 사람과 물건에 대한 더 강한 사랑을 갖게 될 것입니다. 이전과 전혀 다른 수준의 사랑을 알게 되는 거죠. 사랑하는 수준이 달라지면 사물을 바라보는 시선의 깊이도 달라집니다.

어떤 말로 마음을 제대로 전할 수 있을까?

언어는 매우 사용하기 어려운 도구입니다. 왜냐하면 상대를 아끼고 사랑하는 마음을 정확하게 표현하는 것이 생각처럼 쉬운 일이 아니기 때문이죠. 각종 경조사에서 엄청나게 많은 돈을 주는 것은 쉽지만, 돈에 담은 마음을 언어로 표현하는 것은 매우 어려운 일이지요. 아이들의 세계도 마찬가지입니다. 마음과 다른 말이 나와서 오해가 생기고 친구끼리 다투기도 하니까요. 말실수로 다투거나 힘든 상황에 놓였던 기억이 있는지 아이에게 질문하면서, 그 기억을 떠올리게 해주세요. 그리고 이렇게 차례로 질문하며 자연스럽게 아이 스스로 방법을 찾게 해주세요.

"그때 어떤 일이 생겼었니?"
"다툼이 생긴 이유는 뭐야?"
"친구에게 어떻게 말하고 행동했어야
 다투지 않을 수 있었을까?"

"앞으로는 어떻게 친구에게 마음을 전해야 좋을까?

너의 진심을 제대로 전할 수 있는

말들을 생각해보자."

시를 읽으며 자신의 언어 습관을 돌아본 아이는 앞으로 친구와의 관계에서 이전과는 다른 모습을 보여주게 될 것입니다. 간절하게 아끼고 사랑하는 상대에게 마음을 전하는 것이 얼마나 어려운지 알고 있으며, 동시에 거기에 더욱 정성을 담아야 한다는 사실을 알게 되었기 때문입니다.

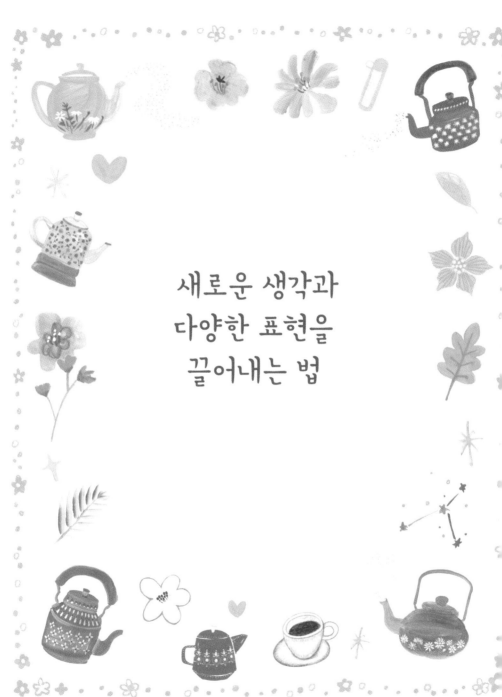

새로운 생각과
다양한 표현을
끌어내는 법

폭포

김금래

절벽에서
거꾸로 떨어져 봤니?

바닥을 치며
울어 봤니?

울면서
부서져 봤니?

부서지며
나비처럼 날아올라

무지개를
만들어 봤니?

절벽에서 떨어지는 폭포의 마음은 어떨까?

아이의 색다른 생각과 표현을 끌어낼 수 있는 대표적인 시 중 하나입니다. '폭포'라는 소재를 다양한 시각으로 분석해서 무지개라는 희망적인 메시지를 선보였기 때문이죠. 시는 아이의 생각을 자극할 수 있다는 사실을 다시 한 번 떠올릴 수 있는 순간입니다. 아이가 읽는 동시, 어른이 읽는 시를 구분할 필요는 없어요. 중요한 것은 '아이가 시를 통해 무엇을, 어떻게 느꼈는가?'입니다.

폭포를 바라보며 아이가 '무지개'라는 희망의 이미지를 떠올릴 수 있다면, 아이의 삶은 더욱 풍성해질 것입니다. 그러기 위해서는 일단 폭포의 마음을 이해하는 것에서부터 시작해야 해요. 먼저, 질문을 통해 아이가 절벽을 떠올리게 하고, 높고 아찔한 곳에서 떨어지는 폭포의 마음을 상상할 수 있도록 이끌어주세요.

"저 높은 곳에서 떨어지는
폭포의 마음은 어떨까?
슬프지 않을까?"

처음에는 부모가 먼저 슬픔, 고통, 안타까움 등등 예를 들어주는 것도 좋습니다. 그래야 폭포의 감정에 이입하며 솔직하게 답할 수 있으니까요. 아이가 단어로 자신의 마음을 표현한 이후에는 자연스럽게 "왜 그런 단어를 떠올리게 된 거야?"라는 질문으로 자기 마음을 천천히 설명할 수 있게 독려하면 됩니다. 절대 서두르지 마세요. 생각할 시간을 주면 아이는 어렵지 않게 자기 생각을 꺼내 보여줄 수 있습니다.

폭포가 있는 곳에 무지개가 자주 뜨는 이유는 뭘까?

하늘에서 무지개가 뜨는 이유는 바로 비와 햇빛이 만났기 때문입니다. 아이에게 배경지식을 먼저 알려주세요. 그래야 서로가 서로에게 미치는 영향을 상상할 수 있으니까요. 그럼 아이는 지난 추억을 회상하며 생각에 잠기겠지요.

"내가 갔었던 폭포 주변에는
이상하게도 무지개가 많이 떴었지.
왜 그랬을까?"

아이는 혼자 자신에게 끝없이 질문하며 폭포가 있는 계곡에서 무지개가 자주 뜨는 이유가 바로 물과 햇빛이 있는 곳이기 때문이라는 사실을 추측하게 될 겁니다. 하늘에서 내린 비가 없어도 계곡의 물이 있다면 무지개가 만들어질 수 있다는 멋진 사실도 알게 되지요. 배우거나 암기해서 알게 된 지식이 아닌, 눈과 머리로 생각해서 깨달은 지식이라는 사실이 매우 중요합니다. 그럼 이제 아이는 시를 자기 방식대로 다시 읽게 됩니다.

"절벽에서 떨어진 용감한 물이 바닥을 치고 올라가
햇빛을 만나 비로소 아름다운 무지개가 되었구나.
만약 절벽에 선 물이 아래로 떨어지는 것을
두려워해서 망설였다면,
바닥을 치고 나비처럼 하늘로 치솟아
무지개가 될 수 없었을 거야."

이 생각의 흐름을 아이와 함께 나누며 시의 배경을 상상하게 해주세요. 시를 하나의 풍경화처럼 그릴 수 있다면 언제든 꺼내서 영감을 받을 수 있으니까요.

실패와 좌절 속에서 희망을 발견하는 표현들

시를 읽고 가장 멋지게 활용하려면 대상을 바꿔서 생각하는 연습을 하

면 됩니다. 그래야 사고력과 표현력이 깊고 넓어진답니다. 먼저 해야
할 일은 폭포를 대신할 대상을 하나 찾는 거죠. 이렇게 질문하면 적절
한 답을 찾을 수 있죠.

"폭포처럼 위에서
아래로 떨어지는 것이 또 뭐가 있을까?"
"우리 눈 속에는 폭포처럼
위에서 아래로 떨어지는 것이 없을까?"

그럼 아이는 폭포에서 벗어나 '인간의 눈'이라는 장소로 상상력을
이동시킵니다.

"눈물이요. 눈물도 위에서 아래로 떨어져요."
"그렇지. 그럼 폭포처럼 눈물이 나면
우리는 어디에서 무지개를 볼 수 있을까?"

비가 내리지 않으면 무지개가 뜨지 않는 것처럼, 눈물이 없는 눈에
는 무지개가 뜨지 않지요. 폭포처럼 도전 앞에서 당당하게, 절벽에서
뛰어내리는 선택을 하고, 바닥을 치고 나비처럼 올라가 스스로 빛을 만
나려는 시도를 하지 않는다면 무지개가 될 수 없다는 의미입니다.

지금, 아이는 부모가 모르는 좌절감에 빠져 있을 수도 있습니다. 부모 마음처럼 아이가 자라주었으면 참 편하겠지만, 사실 쉽지 않지요. 오늘은 아이를 다그치고 혼내는 말보다 따뜻한 격려의 말을 들려주면 좋겠습니다.

"요즘 언제 가장 힘들었니?
 요즘 너를 힘들게 하는 게 뭐야?
 폭포가 절벽에서 떨어지며
 빛나는 무지개를 만든 것처럼
 지금 이 힘든 일이 지나면
 너만의 무지개를 만날 수 있을 거야."

고통과 노력의 새로운 의미

사는 건 어른이나 아이나 모두에게 쉽지 않습니다. 다만 이제는 「폭포」를 통해서 지금 힘든 이유는 내 삶의 무지개를 보기 위한 준비 과정이라는 사실을 알게 되었으니 조금 위로가 되지요.

"지금 눈물이 흐를 정도로 힘든 이유는

나만의 무지개를 만나기 위해서야."

고통이 고통으로만 끝나는 것은 아니라는 사실을 조금이나마 깨닫
게 되면서 아이는 예전과는 다른 태도와 시각으로 하루를 보내게 되지
요. 매우 중요한 변화입니다. 고통과 노력의 가치를 알게 되면서, 포기
하고 싶을 때마다 자신을 일으켜주는 '의지'를 대하는 자세가 바뀌는
거니까요.

"그럼, 네 삶의 무지개를 자주 보려면
 네가 어떻게 바뀌면 될까?"

이제 아이들은 영어 단어 하나를 암기하는 것과 방을 청소하는 일
도 '억지로 해야 하는 귀찮은 일'이 아니라, 무지개처럼 빛나는 결과를
만나기 위해 해야 하는 일이라고 생각하게 됩니다. 힘든 일이지만 미래
를 위한 뚜렷한 목적이 생기는 것이지요. 인생에서 꼭 필요하지만 교육
으로는 쉽게 가르치기 어려웠던 덕목들을 시를 통해 아이에게 자연스
럽게 전할 수 있습니다.

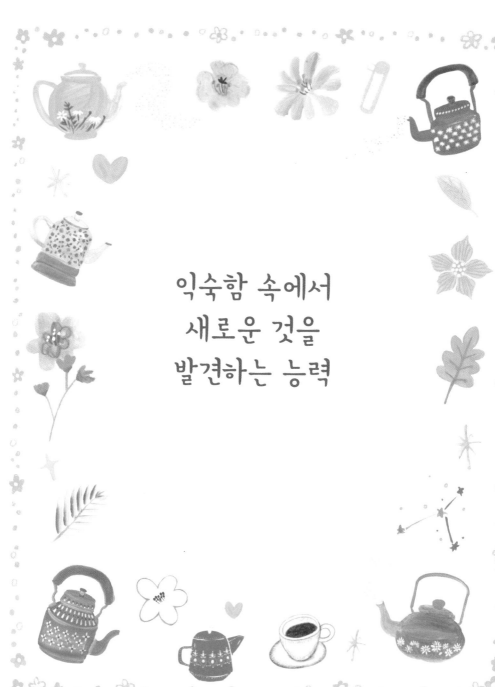

익숙함 속에서
새로운 것을
발견하는 능력

번개

마츠오 바쇼

얼마나 놀라운 일인가
번개를 보면서도
삶이 한 순간인 걸 모르다니

아이가 섬세하게 관찰할 수 있도록
기다려주는 마음

살면서 누구나 한 번 이상은 번개가 치는 소리를 듣습니다. 번개가 치는 장면을 목격하기도 하지요. 번개는 지금도 어디에선가 자신을 드러내고 있지만, 마츠오 바쇼 시인처럼 번개가 치는 순간의 감정을 시로 섬세하고 멋지게 표현하는 사람은 별로 없습니다. 자연은 누구에게나 공평하게 자신을 보여줍니다. 일상의 발견은 단지 그걸 볼 수 있느냐 없느냐에 달려 있으며, 볼 수 있는 자는 섬세한 관찰력으로 삶의 아름다운 가치를 발견하고 다양한 잠재력을 발산하게 됩니다. 일단 무언가를 발견하기 위해서는 충분한 시간이 필요합니다. 아이가 '번개'라는 대상을 오랫동안 생각할 수 있게 해주세요.

> "이 시를 쓴 시인은 번개를 보며
> 왜 이런 생각을 했을까?"

아이에게 질문한 후, 아이가 스스로 자기 생각을 발견할 때까지 기다리는 과정이 매우 중요합니다. 시인 역시 말 그대로 번개를 보며 '번개처럼' 이 시를 생각해낸 것이 아니니까요. "왜 그런 생각을 했을까?"라는 질문에 멋진 답변을 하는 게 중요한 것이 아니라, 누구든 새로운 생각을 발견하기 위해서는 아주 오랫동안 대상을 바라보며 함께 존재해야 한다는 사실을 깨닫는 것이 핵심이니까요. 아이가 자신의 질문 속에 오랫동안 머무를 수 있게 도와주세요.

이렇게 멋진 생각을 하려면 세상을 어떻게 바라봐야 할까?

시는 결코 어려운 것이 아닙니다. 만약 당신이 시를 어렵게 느끼고 있다면 시가 아닌 당신 마음이 어지럽기 때문일 겁니다. 시인은 누구나 볼 수 있는 사물과 이미지에서 자신만이 느끼는 자극을 받아, 그 자극을 글로 표현하는 사람이죠. 그래서 시를 읽을 때 우리는 언제나, '이번에는 내가 시인이 되겠다.'라는 마음으로 접근해야 합니다. 그래야 자신만의 방식으로 읽고 표현할 수 있죠.

시인이 받은 자극을 그대로 읽고 받아들이지 말고, 시인이 본 것을 자신의 눈과 마음으로 다르게 읽는 것이 창의력을 만듭니다. 아이가 자신의 시선이 향한 곳을 용기 있게 바라본다면, 아이는 자신만의 생각을 완성할 수 있을 겁니다. 어렵지 않아요. 쉽게 말하자면 손가락 끝이 아닌 손가락이 향하고 있는 지점을 보라는 말이니까요. 그걸 할 수 있게 돕는 것이 바로 "어떻게?"라는 부모의 질문입니다.

"시처럼 멋진 생각을 하려면
  우리는 어떻게 세상과 자연을 바라봐야 할까?"

'어떻게'라는 표현은 늘 막연한 상태에 있는 사람에게 방법을 찾을 수 있게 해줍니다. 아이가 일상에서 '어떻게 하면 할 수 있을까?'라는 질문을 습관처럼 자주 반복하게 해주세요. 그럼 근사한 것들을 습관처럼 발견하는 사람으로 성장하게 됩니다.

사색에서 시작하는 아이의 통찰력

이제 아이가 주변을 바라보게 할 시간입니다. 봄이 되면 전국에서 꽃이 만발합니다. 신기한 것은 같은 종류의 꽃이어도 성장 속도가 조금씩 다르다는 점입니다. 같은 공간에 심어도 어떤 꽃은 활짝 웃으며 만개하지만 어떤 철쭉은 아직 자신을 열지 못한 상태이지요. 유심히 보면 색깔도 모두 다릅니다.

"왜 같은 꽃인데 활짝 피는 시기가 모두 다른 걸까?"
"같은 꽃인데 색이 다른 이유는 뭐지?"
"대체 어떻게 심어야 꽃이 빠르게 활짝 피는 걸까?"

이런 질문으로 아이가 그 이유에 대해 스스로 생각하는 시간을 갖게 해주세요. 그렇게 사물의 의미는 사물이 아닌, 사물을 바라보는 사람에게서 태어난다는 것을 알려주세요. 어떤 꽃은 빠르게 자신을 열고 어떤 꽃은 조금 느립니다. 이때 아이는 세상에 피어나지 않는 꽃은 없다는 멋진 사실을 깨닫게 됩니다.

"꽃처럼 사람에게도 자신의 때가 있는 게 아닐까?"

그렇게 아이는 모든 사물에게 나름의 때가 있다는 사실을 알게 되지요. 동시에 아직 꽃을 피우지 못한 자신의 재능도 의심하지 않게 될 것입니다. 마무리를 하며 아이와 함께 이 글을 낭독해주세요.

"당신이 꽃이라면 걱정할 필요가 없습니다.
언젠가 아름답게 피어날 테니까."

낭독 후 아이는 한결 가벼운 마음으로 일상을 대하게 될 것입니다. 그건 자신의 가능성을 믿고 지지하는 사람의 특권이니까요.

아이가 스스로 깨달은 최선과 집중의 의미

봄과 여름, 그리고 가을과 겨울, 자신의 때를 기다리며 최선을 다하는 자연의 모습을 보며 아이는 생명의 신비를 엿볼 수 있게 됩니다. 그렇게 생명의 소중한 가치와 흐름을 조금씩 알게 되는 거죠. '번개를 보면서도 삶이 한 순간인 걸 모르다니.'라는 시인의 조언처럼, 우리는 누구나 일상에서 최선을 다해야 합니다. 또한 최선을 다해 지켜보면 사물은 자신의 비밀을 말해주지요. 이 시처럼 사물의 움직임을 보며 멋지게 의미를 부여하는 과정은 결코 어렵거나 특별한 사람에게만 주어지는 능력이 아닙니다. 그저 오랫동안 바라보면 누구나 쉽게 할 수 있는 일이죠.

그럼 아이에게 질문해보세요.

"최선을 다한다는 것은 무엇을 말하는 걸까?"

이제 아이는 최선이라는 단어를 스스로 정의할 수 있게 되었을 겁니다. 여기까지 오는 과정을 통해 알게 되었으니까요. 번개에 대한 시를 쓴 바쇼도 최선을 다해 번개를 바라보며 사색했을 겁니다. 그 짧은 시간에 얼마나 치열하게 집중했을까요. 그 마음을 아이가 느낄 수 있게 해주세요.

"치열하게 집중한다는 것은
마치 이 순간이 마지막인 것처럼
모든 것을 쏟아내는 거야."

별이 빛나는 것처럼 아름다운 순간입니다. 아이는 삶의 비밀을 또 하나, 그것도 스스로 깨닫게 되었기 때문입니다. 이 모든 사실은 질문하지 않으면 결코 알 수 없는 것들입니다.

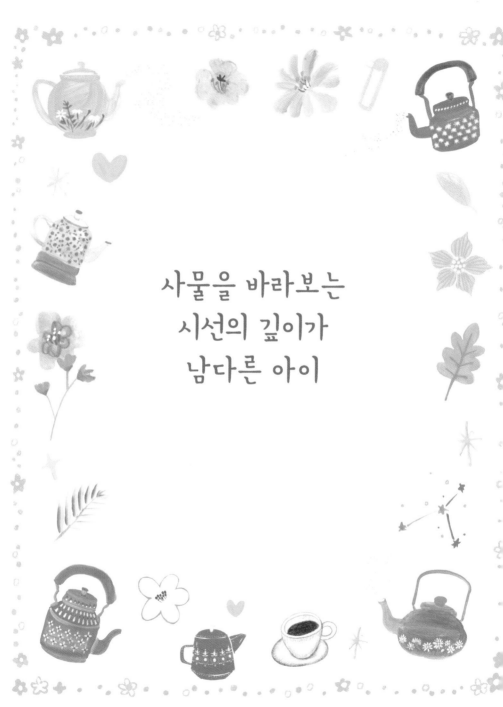

사물을 바라보는
시선의 깊이가
남다른 아이

호수 1

정지용

얼굴 하나야
손바닥 둘로
폭 가리지만,

보고 싶은 마음
호수만하니
눈감을밖에

이 시는 어떤 마음을 쓴 글일까?

「호수 1」은 아이들이 학교에서 접하는 시 중 하나입니다. 슬픈 사실은 처음 접하자마자 무작정 암기하게 된다는 것이지요. 암기하는 이유가 뭘까요? 스스로 생각을 자극해서 지금 상황에 감정을 이입하지 못하기 때문입니다. 더 정확하게 표현하자면 감정을 이입할 기회 자체를 가질 시간조차 빼앗긴 삶을 살기 때문입니다. 아이에게 그 시간을 처음으로 허락하는 사람은 부모가 되어야 합니다. 부모는 아이 곁에서 차근차근 하나씩 깊고 넓게 알려줄 수 있으니까요. 자, 시를 아이와 함께 한번 다시 읽어보세요. 그리고 함께 생각해보세요.

"이 시는 어떤 마음을 쓴 글일까?"

아무런 배경지식 없이 읽으면 사랑의 마음을 담아 쓴 글처럼 느껴집니다. 하지만 당시 일제 강점기라는 시대적 배경을 알게 되면 자유를 추구하는 마음을 담은 시라고 생각할 수 있습니다. 어느 지점을 바라보느냐에 따라 전혀 다른 부분이 보이는 거죠. 바라보는 지점이 다양해지면 저절로 발견할 수 있는 지식도 넓고 풍부해집니다. 상상력이 풍부한 아이라면 부모가 전혀 짐작하지 못한 다른 의미를 찾아낼 수도 있습니다. 다만 아이가 어떤 지점에 갇히지 않고 자유롭게 자기 생각을 말할 수 있게 도와주세요. 교과서가 정한 답보다, 아이가 스스로 생각해서 꺼낸 의견이 가장 귀하니까요.

다그치지 말고 아이의 설명을 기다릴 것

생각을 표현하는 것도 중요하지만, 그걸 이해할 수 있게 설명하는 것도 매우 중요합니다. 어떤 사물을 보며 자신이 생각한 것을 타인에게 설명하는 것이 중요한 이유가 뭘까요? 아무리 낯설게 느껴지는 사물과 상황이라도 자신이 그렇게 생각한 이유를 타인에게 설명할 수 있다면, 그 사물과 상황을 자기 내면에 소유할 수 있기 때문입니다. 쉽게 말해서 "나는 그걸 알아."라고 자신 있게 말할 수준에 도달하는 것을 의미합니다. 우리가 학교나 학원에서 아무리 무언가를 배워도 늘 잊고 자신의 것으로 만들지 못하는 이유가 바로 거기에서 시작합니다. 설명하지 못하기 때문이죠.

늘 아이의 생각을 들은 이후에는 그 생각에 대한 아이의 설명을 자세히 들어볼 필요가 있습니다. 앞서 말한대로 설명까지 할 수 있어야 비로소 "나는 그걸 안다."라고 말할 수 있으니까요. 여기에서 꼭 주의해야 할 표현이 있습니다. "애가 뭘 알겠어?" "그냥 어디에서 들었던 이야기겠지!" "그걸 알아서 어디에 쓴다고!"라는 말은 아이에게 큰 상처를

줍니다. 사고력과 표현력을 키우려면 아이의 가능성을 의심하지 않고 끝까지 듣는 자세가 필요합니다. 그리고 하나만 더 기억해주세요. 상황과 사물에 대해서 충분히 설명할 수 없다면, 그건 조금 더 생각해야 한다는 증거라는 사실을 말이죠. 그러므로 너무 서두르지 말고, 설명할 수 있을 때까지 충분히 생각할 시간을 주는 게 좋습니다.

창의적이고 지혜로운 시선 기르기

「호수 1」이라는 시가 아이의 사고력과 표현력에 좋은 영향을 줄 수 있는 이유 중 하나는, '바라보는 시선의 힘'이 가진 가치를 알려주기 때문입니다. 모두가 같은 곳을 바라보고 있지만 다른 것을 발견해서 자신만의 언어로 표현하는 사람에게는 바로 이것, '새로운 시선'이 있습니다.

생각해보세요. 보통 무언가를 바라볼 때 잘 보이지 않으면 눈을 더 크게 뜨거나 가까이 다가가야 한다고 생각합니다. 하지만 정지용 시인은 전혀 다른 방법을 제시하죠. 맞습니다. 오히려 '눈을 감는 것'입니다. 이건 기존의 생각과 비교할 때 매우 창의적이며 동시에 지혜로운 방식이라고 생각할 수 있습니다.

"보고 싶은데 왜 눈을 감아야 할까?"

"대상이 너무 거대하거나

보고 싶은 마음이 큰 경우에는

눈을 감고 마음의 눈으로 바라보자."

만약 시가 아니라면 아이는 '마음의 눈'이라는 존재와 그 가치를 아주 오랜 시간이 지나서야 깨닫게 될 것입니다. 진리를 조금 더 빠르게 깨닫게 해주는 그것이 바로, 어떤 교육도 할 수 없는 시만 내릴 수 있는 축복입니다. 그 아름다운 순간을 아이와 함께 즐기며 시가 준 가치를 마음에 담아주세요.

'호수'처럼 보고 싶은 사람을 떠올리기

이제 시에서 빠져 나와 현실 속에서 살아가는 자신과 주변 상황을 생각하는 시간을 가질 차례입니다. 아이가 주변에 있는 소중한 사람들의 얼굴을 떠올릴 수 있게 해주세요.

"호수처럼 너도 보고 싶은 사람이 있니?"

이 질문에 잠시 머뭇거릴 수도 있습니다. 그때 아이가 편안하게 자

171

기 생각을 답할 수 있게 이렇게 말해주세요.

"친구도 좋고, 친척과 가족도, 반려동물도 다 괜찮아."
"인형, 자동차 등등 생명이 없는 대상이어도 괜찮아."

생명이 있는 존재든 아니든 그리워하는 그 마음 자체로 충분한 의미가 있다는 사실을 아이는 알게 될 테니까요. 그렇게 아이가 자신이 생각한 대상을 말하면, 계속해서 질문을 해봅니다.

"너는 그 마음을 무엇에 비유할 수 있겠어?"
"그 대상을 생각하면 어떤 마음이 드니?"

질문을 통해 아이가 소중한 존재에게 따스한 마음을 전하는 방법, 그리고 타인의 마음을 바라보는 올바른 시선을 배울 수 있게 해주면 더욱 좋습니다.

독서의
진정한 즐거움을
알려주는 법

책

헤르만 헤세

세상의 모든 책이
너에게 행복을 주는 것은 아니란다.
하지만 책은 네가 모르는 사이에
네 자신 속으로 돌아갈 수 있게 도와주지.

네 자신 속에
네가 필요로 하는 모든 것이 있고
태양과 별 그리고 달도 있나니,
언제나 네가 찾던 빛은
네 자신 속에 존재하기 마련이란다.

네가 아주 긴 세월
만권의 책에서 추구한 지혜는
지금 네 삶 어느 페이지에서나 빛나고 있나니
그것은 이제 네 것이기 때문이란다.

왜 책을 읽어도 남는 게 없을까?

독서는 매우 중요한 지적 행위입니다. 그래서 많은 부모가 아이들이 책을 읽지 않는다고 걱정을 하고 있지요. 사실 요즘 아이들은 전보다 많은 책을 억지로 읽습니다. 문제는 많은 아이들이 그저 책을 읽는 단계에서 그친다는 사실이죠. '빨리 읽고 끝내자.'라는 생각으로 책을 읽기 때문에 독서가 끝난 이후에 무엇도 남아 있지 않지요. 이건 어른도 마찬가지입니다. 대체 무엇 때문일까요? 먼저 아이 스스로 질문하게 해 보세요.

"난 왜 책을 아무리 읽어도 남는 게 없을까?"
"왜 책을 읽기 전과 후에 변화가 일어나지 않을까?"

그리고 이런 생각을 하나 더 전해주세요.

"책을 읽는 이유를 먼저 생각해보자.
독서는 '읽어서 외울 지식'이 아닌,
'읽어서 실천할 지식'을 찾기 위해서 하는 게 아닐까?"

책을 아무리 읽어도 머리와 마음 속에 아무것도 남지 않는 이유는,

애초에 독서는 무언가를 남기는 것이 아니라 일상에서 실천할 무언가를 찾는 행위이기 때문입니다. 처음부터 독서의 방향이 틀렸던 겁니다. 그 사실을 알고 책을 읽는 것과 모르는 상태에서 읽는 것에는 매우 큰 차이가 있습니다. 아이가 늘 책을 읽을 때 '암기할 지식'이 아닌, '실천할 지식'을 하나씩 찾게 해주세요. 책에서 보물찾기를 하는 것처럼 실천할 지식을 찾는 거죠. 그럼 아이가 독서에 조금씩 흥미를 느끼며, 책을 대하는 아이의 수준 자체가 급격하게 높아질 겁니다.

지성은 '멈춰 서야 하는 곳'을
알아보는 안목에서 나온다

많은 아이들이 지금도 세상이 좋다고 추천하는 책을 책상에 쌓아 두고 읽고 있습니다. 역사, 철학, 영어 등등 분야도 매우 다양하지요. 그런데 여기에서 우리는 이런 생각을 해볼 필요가 있습니다.

"책을 무작정 많이 읽는 게 좋은 건가?"

온갖 종류의 책이 수북이 쌓인 아이의 책상을 보며, 진지하게 생각해보세요. 매일 한 권의 책을 읽으면 그만큼 아이가 근사한 지성을 겸

비한 사람으로 성장할까요? 부모와 아이 모두 자신에게 이런 질문을
던져보세요.

"책을 멈추지 않고 끝까지 읽었다는 것은 무슨 뜻일까?"

끝까지 읽었다는 것은 '중간에 멈출 부분을 발견하지 못했다'는 증
거입니다. 이 시를 쓴 헤르만 헤세를 비롯해 괴테나 니체 등 대문호 역
시 반드시 지킨 원칙이지요. 그들은 책을 공격하듯 끝까지 읽어내는 것
을 매우 부끄럽게 생각했습니다. 끝까지 읽었다는 것은 중간에 눈길을
끄는 부분이나 생각을 자극하는 지점을 만나지 못한 채 마지막 페이지
에 도착했다는 증거이기 때문이죠. 책은 끝까지 읽는 것도 좋지만 '중간
중간 멈추기 위해 읽는 것'이라는 생각을 하는 게 중요합니다. 지성이란
끝을 보는 게 아니라, 멈출 곳을 찾는 안목에서 나오기 때문입니다.

질문하며 독서하는 습관 들이기

독서는 다른 무엇보다 부모의 역할이 중요합니다. 아이에게 "책 다 읽
었니?"라고 묻지 말고, 이제는 "어디에서 멈췄니?"라고 질문해주세요.
독서의 패러다임을 완전히 바꾸는 거죠. 그럼 아이는 어떻게든 끝까지

억지로 읽는 것 대신에 자신의 생각을 자극하는 부분을 찾아 실천하기 위해서 노력하게 됩니다. 끝을 보는 건 물론 매우 중요한 행동입니다. 하지만 시작과 끝만 있고 과정이 하나도 없는 상태라면 그 끝에서 만나는 결실은 거의 없을 것이며 있다고 해도 그것은 그 사람의 것이 될 수 없습니다. 책을 읽다가 중간에 멈추기 위해서는 아이가 다음 두 가지 질문을 하고 있어야 합니다.

"나와 생각이 일치하는 부분이 있나?"
"나와 생각이 다른 부분이 있나?"

자신의 생각과 동일한 부분과 다른 부분을 찾으려는 질문은 어떤 책을 읽어도 그 아이를 반드시 중간에 멈추게 합니다. 서로 상반되는 두 질문이 자꾸만 아이의 생각을 치열하게 자극하기 때문이죠. 그렇게 멈춘 이후에는 다시 질문을 통해 생각을 발전시키면 됩니다.

"나는 여기에서 왜 멈췄을까?"
"나를 멈추게 한 글은 내게 어떤 의미가 있지?"
"그럼 그걸 어떻게 삶에 적용할 수 있을까?"

단 한 줄을 읽어도 다양한 세계를 만날 수 있다

독서가 귀중한 지적 행위인 이유는 우리 삶에 분명한 변화를 주기 때문입니다. 여기에서 우리는 시를 다시 읽어볼 필요가 있습니다. '네가 필요로 하는 것은 네 자신 안에 있다.'라는 부분과 '네 삶 어느 페이지에서나 빛나고 있다.'라는 말이 이 시의 핵심 메시지입니다. 아이와 함께 시를 다시 낭송해보는 것도 좋습니다. 시는 반복해서 읽을수록 더욱 가깝게 느낄 수 있게 되니까요. 시인이 '네 삶 어느 페이지에서나 빛나고 있다.'라고 말한 이유는 뭘까요? 독서는 끝을 보는 게 아니라 중간중간 멈추려고 읽는 거라는 사실을 깨달은 아이들은 이제 분명히 답할 수 있을 겁니다. 책을 읽다가 멈춰서 실천할 부분을 발견하고 그것을 실제로 실천하면서 우리의 삶은 그 자체로 한 권의 빛나는 책이 된다는 말이니까요.

독서는 분명 귀한 지성을 우리에게 줍니다. 다만 그걸 발견해서 담을 수 있어야만 가능한 이야기입니다. 그러므로 책은 그저 읽고 덮는 것이 아니라, 일상에서 치열한 실천으로 경험한 후에야 비로소 끝나는 것이라는 사실을 깨닫게 해주세요. 이런 과정을 통해 이제 아이의 독서는 전과 완벽하게 달라지게 됩니다. 한 줄을 읽어도 그 안에서 다양한 세계를 만날 수 있게 되었으니까요.

독창적으로
생각하고 표현하는
습관 길러주기

작별

이시영

민들레는 마지막으로
자기의 가장 아끼던 씨앗을
바람에게 건네주며,
아주 멀리 데려가
단단한 땅에 심어달라고 부탁했습니다.

민들레 씨앗을 이별에 비유한 이유가 뭘까?

서양에는 이런 속담이 있습니다.

'가장 먼저 아름다운 여인을 장미에 비유한 사람은 천재지만, 그 말을 두 번 다시 쓴 사람은 바보다.'

같은 것을 보며 다른 사람이 이미 비유한 의견에 따라가는 것은 스스로 자신에게 주어진 천재성을 버리는 것과 같습니다. '이게 과연 괜찮을까?' '내 생각을 말하면 괜히 이상하다는 소리만 듣는 거 아닐까?' 등의 고민은 전혀 할 필요가 없습니다. 표현에는 수준이 따로 없으니까요. 남과 다르기만 하다면 모든 표현은 나름의 가치를 지닙니다.

시인은 이별 인사를 하며 상대방이 어디를 가더라도 단단한 땅에 완벽하게 뿌리를 내리고 행복하게 살 수 있게 도와달라고 바람에게 부탁했습니다. 바람에 날아가는 민들레 씨앗을 자신이 떠나보낸 사람에 비유해서 표현한 셈이죠. 봄이 되면 넓은 들판과 시냇가, 운동장 구석이나 길가에 노랗게 핀 민들레를 볼 수 있습니다. 그때마다 그 모습을 그냥 스치지 말고, 어딘가에서 날아와 뿌리를 내린 민들레 씨앗의 탄생과정을 아이가 생생하게 상상할 수 있게 해주세요.

"저 민들레는 어디에서 날아온 걸까?"

"얼마나 멀리까지 날아갈 수 있을까?"

"바람을 타고 멀리 날아간 씨앗이

곳곳에서 싹을 틔우고 꽃을 피우기 위해

얼마나 많은 노력을 했을까?"

이런 질문을 통해 아이들은 일상에서 쉽게 마주치는 것들을 한 번 더 돌아보며 깊이 생각하게 되며, 자신이 생각한 것을 표현하는 데 더욱 자신을 갖게 됩니다.

모든 씨앗이 전부 꽃이 될까?

그러나 모든 일이 좋게만 끝나는 것은 아니죠. 이번에는 시에서 주어진 상황을 다양한 각도로 분석하기 위해서, 모든 민들레 씨앗이 땅에 뿌리를 내리고 아름답게 자신을 꽃피울 수 있는 건 아니라는 사실을 알려주는 과정을 거치는 게 좋습니다. 준비와 연습의 가치를 알려줄 수 있지요. 아무리 뛰어난 재능이 있어도 그것을 꺼내 세상에 보여주려는 연습을 해본 사람만이 자신의 재능을 빛낼 수 있으니까요.

예를 들어서 설명하는 것도 좋습니다. 많은 사람들이 운이 좋아서 돈을 벌거나 성공한 사람을 보며, 혹은 인맥이 좋아 높은 자리에 앉아 있는 사람에게 "소 뒷걸음치다 쥐 잡았네."라며 그들의 현재를 비난하거나 질투하며 성과를 깎아내리죠. 그러나 우리는 가장 중요한 사실을 하나 잊고 있습니다. 뒷걸음질하는 행동보다 중요한 사실은, 먼저 '소가 되어야 한다'는 것입니다.

"만약 소가 아니라 다람쥐였다면
뒷걸음치다 쥐를 잡을 수 있었을까?"

소가 오랫동안 자신의 몸집을 키워 미래를 준비하지 않았다면 결코 뒷걸음질로 쥐를 잡지 못했을 것입니다. 다람쥐처럼 작고 가벼운 무게로는 쥐를 제압하기 힘들기 때문이죠. 민들레 씨앗도 마찬가지입니다. 멀리 날아갈 준비를 마친 씨앗만이 원하는 곳으로 날아가 뿌리를 강하게 내릴 수 있으니까요. 바람이 아무리 강력하게 도와도 민들레 씨앗이 날아갈 준비를 제대로 마치지 못한 상태라면 바람의 노력까지 허무하게 사라지게 되는 거죠. 그렇게 아이들은 매우 귀한 사실을 하나 알게 됩니다. 다음 글을 아이와 함께 낭독해보세요.

"세상에 우연은 별로 없습니다.
소가 되는 과정을 견딜 자신이 없어,
우연이라고 믿고 싶은 것뿐이죠."

상상이 깊어져야 호기심이 생긴다

이제는 상상하는 시간을 가져보려고 합니다.

"민들레 씨앗은 무슨 색일까?"

아마 아이는 순간적으로 노란색이라고 답할 가능성이 높습니다. 실제로 노랗게 물든 민들레 꽃만 봤으니까요. 하지만 정말 그럴까요? 현재 한국에서 볼 수 있는 민들레 씨앗은 총 다섯 가지 정도인데, 그중에는 옅은 녹색과 붉은색 씨앗도 있습니다. 모두 노란색은 아닌 것이죠. 자, 흥미로운 질문을 하나 던집니다.

"뱀의 혓바닥을 그려볼까?"

아이는 어떤 색을 선택할까요? 뱀의 혓바닥을 그리라고 하면 어른이든 아이든 대부분 붉은색을 사용합니다. 이유가 뭘까요? 그들은 실제로 뱀의 혓바닥을 본 적이 있을까요? 그저 상상속의 색을 선택했을 뿐이거나 방송이나 장난감을 통해 본 혓바닥 색이 진실이라고 생각했기 때문일 겁니다. 그런데 실제로 뱀의 혓바닥은 대부분 검은색입니다. 간혹 보라색이나 다른 색도 있지만 붉은색은 거의 존재하지 않죠.

저는 지금 우리가 뱀의 혓바닥을 틀린 색으로 그리고 있다는 사실을 알리기 위해 이 글을 쓰는 것이 아닙니다. 오히려 그 반대죠. '더 창의적으로 틀려야 한다.'는 사실을 말하고 싶습니다. 아이가 더 다양하게 상상할 수 있게 도와주세요. 그저 노란 민들레 꽃을 자주 봤다는 이유 하나로 노란색만 사용하는 삶에서 벗어날 수 없다면, 인간에게 주어진 상상력이라는 가치를 스스로 포기하는 것이니까요. 상상이 깊어져야 호기심이 생기고 더욱 생생하게 관찰하려는 의지를 갖게 됩니다.

"민들레 씨앗은 정말 노란색인가?"

스스로 질문을 던지며 실제로 대상에게 다가가 관찰하게 되는 것이죠.

자신에게 가장 소중한 가치를 생각하는 시간

인간이 각자 자신의 몫을 하면서 살아가는 이유는 분명한 삶의 목표가 있기 때문입니다. 아이들에게는 그것이 자기 주도 학습으로 나타나죠. 스스로 해야 할 분명한 일이 있는 아이는 스스로 책을 읽고 알아야만 하는 것을 찾아내 끝까지 공부해서 배웁니다. 그런 아이들에게는 오히려 책을 읽지 말라고 하거나 공부를 하지 말라고 하는 것이 견디기 힘든 고문이죠. '하고 싶은 이유'를 알고 있기 때문입니다. 아이가 주도적으로 일상을 보내게 하기 위해서는 일상 곳곳에서 가치를 찾아내는 것이 중요합니다. 아이가 자신에게 가장 소중한 가치가 무엇인지 생각할 수 있게 질문해주세요.

"너는 바람에게 무엇을 맡기고 싶니?"

이 질문에 아이는 민들레 씨앗처럼 자신에게 소중한 것이 무엇인지 생각하게 될 것입니다. 물론 처음에는 제대로 답하지 못할 수도 있습니다. 그건 아이가 잘못되거나 목표가 없기 때문이 아닙니다. 그저 그걸 생각할 시간과 기회를 가진 적이 없어서죠. 아이에게 생각할 시간을 충분히 주세요. 그리고 아이가 무언가 하나를 답하면 이렇게 질문을 연이어 던지며 실제로 그것을 일상에서 실천할 수 있게 도와주시면 됩니다. 그리고 가능하면 "함께 하자."는 말로 아이와의 질문하고 대화하는 시읽기를 마무리하는 것이 좋습니다. 아무리 힘든 일이어도 아이는 부모가 곁에 있어준다면 용기를 낼 테니까요.

"그게 너에게 중요한 이유는 뭐니?"
"그걸 어떻게 하면 더 잘할 수 있을까?"
"나도 너처럼 소중한 일이 있는데, 우리 같이 한번 해보자."

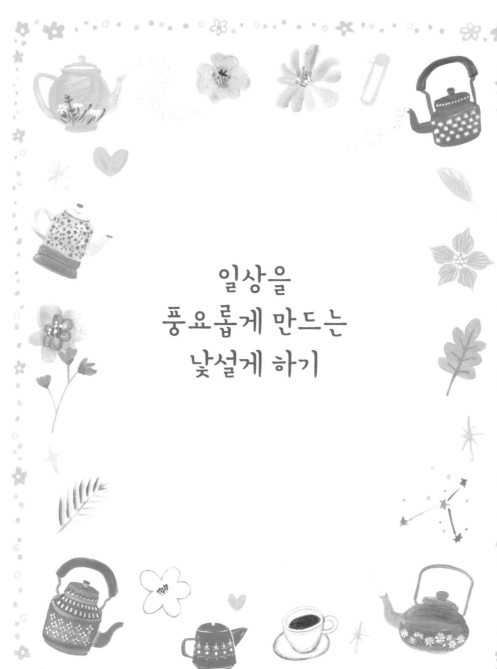

일상을
풍요롭게 만드는
낯설게 하기

유리컵

이상

홍
수
를

막
는

백
지

유리컵을 왜 굳이 이렇게 표현한 걸까?

「유리컵」은 이상 시인이 세상에 정식으로 발표한 시는 아닙니다. 그럼에도 이렇게 소개하는 이유는 한국을 대표하는 천재 시인 이상의 창조력이 바로 이 시 안에 모두 녹아 있기 때문입니다. 그는 사물을 한 줄로 색다르게 표현하는 것을 일상에서 습관처럼 즐겼습니다. 모든 사물을 세상이 정의한 대로 부르지 않고 자신의 눈에 보이는 대로 불렀던 셈이죠. 중국 당나라 시인 이태백도 마찬가지입니다. 그는 이미 '달'이라는 단어가 있었지만, 달을 달이라고 부르지 않고 이상 시인처럼 '백옥의 쟁반'이라고 색다르게 표현했습니다.

아이들이 어른보다 창의력이 높은 이유는 아직 세상이 정한 사물에 대한 정의를 모르기 때문이기도 합니다. 모르기 때문에 볼 수 있는 부분이 넓고 깊은 거죠. 사물에 대한 지식이 있다는 것도 중요하지만, 몰라서 알아볼 수 있는 부분도 있다는 사실을 아이에게 알려 주세요. 그럼 '몰라서 할 수 없다'는 말을 하지 않고 오히려 '몰라서 더 잘할 수 있다'는 긍정적인 마음을 가질 수 있게 되지요. 그렇게 습관이나 고정관념의 굳은살을 빼면 일상의 사물들이 새롭게 보입니다. 세상에 단 하나뿐인 나만의 표현을 갖게 되는 셈이죠.

낯설게 본다는 것은 무엇을 의미하는 걸까?

우리는 이 시를 통해 '낯설게 보기'의 가치와 의미가 무엇인지 알 수 있게 됩니다. 다만 아이에게는 어려운 개념일 수 있으니 자연스럽게 이해할 수 있게 돕는 과정이 필요합니다. 누구나 자신의 천재성을 세상에 보여줄 수 있습니다. 괴테는 그 과정에 대해 자세히 표현했지요. 괴테의 말을 아이 눈높이에 맞게 번역하여 소개합니다. 조금 어려울 수도 있지만, 여러 번 반복해서 읽을 가치가 충분히 있는 문장이니 꼭 아이와 함께 소리 내어 낭독하기를 바랍니다.

> "지금 모두가 바라보고 있는 풍경을
> 너만의 시선으로 관찰하듯 충분히 바라보렴.
> 그때 떠오른 생각을 글로 써서 마음에 담고,
> 다시 너를 그 글의 주인공으로 고쳐 써서
> 종이에 생생하게 써서 표현할 있다면
> 너는 네 안에 있는 천재성을 꺼내어 보여줄 수 있단다."

하루는 강연회에서 "작가님에게 글쓰기는 무엇인가요?"라는 질문에 이렇게 답한 적이 있습니다. 마침 흰머리가 많이 생겼다는 사실을 보며 이런 표현을 떠올린 거죠.

"원고지의 하얀 여백은 내게로 와서 흰머리가 되었고, 나의 검은 머리는 원고지로 가서 검은 글자가 되었습니다."

누구나 보고 있는 책과 흰머리를 보며, 서로의 가치를 바꾸고 연결해서, 저만의 시선에서 나온 새로운 언어로 표현한 것입니다. 대문호 톨스토이는 여덟 살 때 스케치북에 토끼를 빨간색으로 그렸습니다. 그걸 이상하게 여긴 어른들은 "세상에 빨간 토끼가 어디에 있니?"라고 물으며 웃었죠. 하지만 어린 톨스토이는 전혀 당황하지 않고 이렇게 답하며 그림 그리기에 전념했습니다.

"세상에는 없지만,
    제 스케치북 안에는 있습니다."

아이에게 톨스토이의 사례를 들어 설명해주면 '낯설게 본다는 것이 무엇을 의미하는지' 조금은 쉽게 이해할 수 있을 겁니다.

가위를 낯설게 하면 어떻게 표현할 수 있을까?

낯설게 하기는 아이 입장에서는 매우 흥미로운 것이니, 아이와 함께 놀이를 하듯 시작하면 좋습니다. 아이가 좋아하거나 자주 접촉할 수 있는 사물을 대상으로 하면 더욱 효과적이죠. 이를테면 아이에게 익숙한 도구인 가위를 두고, 가위라는 말을 사용하지 않고 표현하는 것입니다.

> "젓가락 두 개가 마치
> 악어가 입을 벌리듯 움직이는 것."

이때 중요한 것은 가위의 직접적인 기능인 '자르다'라는 표현을 사용하지 않아야 한다는 점입니다. 대상의 기능을 사용하게 되면 생각이 너무 쉽게 하나의 방향으로 가서 다른 생각을 해내기 힘들어지기 때문이죠. 그러므로 낯설게 하기의 규칙은 '그 사물이 무엇을 위한 것인지' 그리고 '어디에 쓰이는 것인지'를 숨겨야 한다는 데 있습니다. 숨기면 숨길수록 새로운 것이 태어나는 거죠.

또한 사물이 가진 본질을 변화시키지 않으면서 형식을 바꿔보려는 시도를 할 수 있어 더욱 좋습니다. 아이에게 더 좋은 답이나 정답은 없다는 사실을 알려주세요. 멋진 표현이 아니라 아이만의 표현을 할 수 있다는 점에 의미가 있는 거니까요. 이런 과정을 통해 아이들은 저마다 자신의 생각을 하게 되며, 자신을 대표할 수 있는 '생각의 색깔'을 갖게 될 것입니다.

아이의 일상을 풍요롭게 만드는 좋은 질문

낯설게 하기를 연습하며 아이들은 다시 질문의 중요성을 깨닫게 됩니다. 자꾸 질문을 해야 풍성한 표현을 떠올릴 수 있기 때문이죠. 결국 호기심을 가득 담은 질문이 아이의 창의력을 키웁니다. 여기에서 우리는 의심과 호기심을 구분해야 합니다. 일단 의심과 호기심의 뿌리는 같습니다. 바로 질문이지요. 하지만 같은 질문도 바라보는 시선에 따라 전혀 다른 답을 냅니다. 의심으로 얻을 수 있는 것은 질투와 비난 등 주로 못된 것들입니다. 그러니 아이가 의심이 아닌 호기심으로 주변을 바라볼 수 있게 해주세요. 이때 부모님이 기억해야 할 점은 의심과 호기심을 구분하는 법이 생각보다 쉽지 않다는 것입니다. 말의 표현보다는 '보이지 않는 생각'이 의심과 호기심을 구분하기 때문입니다.

"왜 그런 이야기를 하는 걸까?"
"이런 글을 쓴 이유가 뭘까?"
"여기에는 어떤 비밀이 숨어 있을까?"

이런 눈으로 아이가 사물을 바라볼 수 있게 해주세요. "네가 과연 할 수 있을까?" "넌 너무 어려서 힘들지 않을까?" 등의 의심이 가득한 질문은 아무런 힘도 발휘할 수가 없습니다. 질문 속에 부모의 사랑과 다정한 마음을 담아주세요. 그럼 아이들은 의심과 호기심이 무엇이 다른지, 조금씩 깨우치게 됩니다.

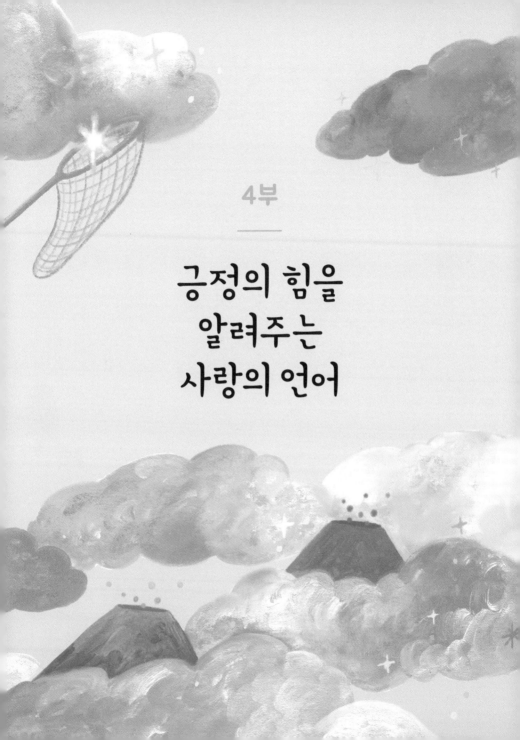

4부

긍정의 힘을
알려주는
사랑의 언어

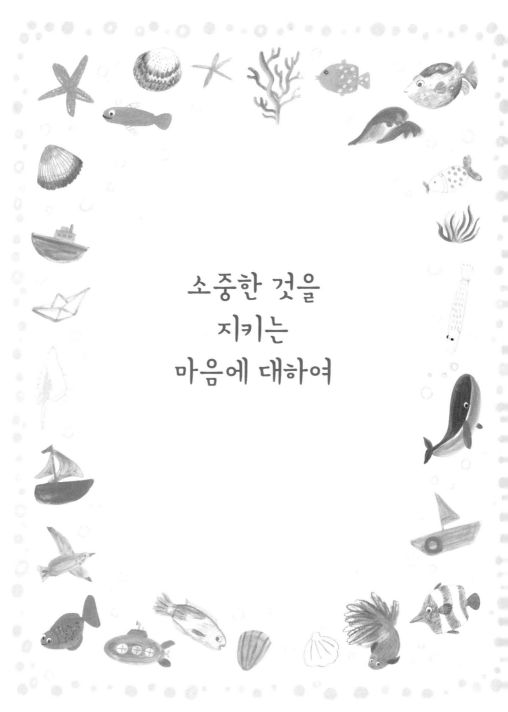

소중한 것을
지키는
마음에 대하여

가을하늘

함민복

어머니 가슴에 못을 박을 수 없네
어머니 가슴에서 못을 뽑을 수도 없다네
지지리 못나게 살아온 세월로도
어머니 가슴에 못을 박을 수도 없다네
어머니 가슴 저리 깊고 푸르러

하늘을 보며 어머니를 생각한 이유가 뭘까?

'이 시로 아이들에게 효가 무엇인지 알려주고 싶어요.'

　많은 부모가 「가을하늘」과 같은 시를 통해 아이들에게 효를 가르치려고 합니다. 하지만 그런 모든 시도는 만족스럽지 못한 결과를 만나게 될 가능성이 높죠. 이유는 간단합니다. 아이도 충분히 예상할 수 있는 억지스러운 가르침이기 때문입니다. 억지로 되는 일은 세상에 없습니다. 교육은 더욱 그렇지요. 아이에게 무언가를 알려주려면 '아이가 짐작할 수 없는 상황'에서 나온 것이어야 효과가 높다는 사실을 기억할 필요가 있습니다. "아, 거기에서 그런 생각을 할 수 있구나!"라는 경탄이 필요하지요.

　먼저 가르치려는 마음을 접고 시의 내용을 이해할 수 있도록 가볍게 질문해주세요.

　"시인이 하늘을 보며 어머니를 떠올린 이유가 뭘까?"

　이 질문에 아이는 "푸른 하늘과 어머니의 마음이 닮아서."라는 식의 이야기를 할 겁니다. 먼저 질문으로 시를 이해하는 시간을 가지며 차근차근 순리대로 진행하는 게 좋습니다. 처음부터 부모가 가르치려고 하면 아이는 반대로 배우지 않으려고 떼를 쓸 가능성이 높습니다. 시 읽기는 바람이 스치는 것처럼 아이의 일상에 자연스럽게 물들어야 그 효과를 발휘할 수 있습니다.

왜 못을 뽑을 수도 없다고 표현했을까?

이번에는 '못을 뽑을 수도 없다.'라는 표현에 대해서 아이와 이야기해 봅시다. 시를 읽으며 실제로 아이와 직접 못을 박거나, 박은 못을 뽑아 보는 것도 좋습니다. 그래야 상황을 더욱 쉽게 이해할 수 있으니까요. 상처 하나 없이 깨끗한 공간에 아이가 못을 박고, 못을 빼낸 후의 자리를 관찰하게 해주세요. 만약 직접 못을 박거나 뺄 수 없는 상황이라면, 질문으로 상상할 수 있게 해주세요.

"상처 하나 없는 나무에 못을 박고 그걸 다시 빼내면
그 공간에 뭐가 남을까?"

상상으로 쉽지 않다면, 간단하게 나무를 지우개로 대체해서 실험을 해도 좋습니다. 질문하고 대화하는 시 읽기에서 중요한 건 그 상황에 대한 이해와 공감이니까요. 구멍에서 못을 빼면 뭐가 생기죠? 보기 싫은 구멍이 하나 생기죠. 시인은 그걸 말한 겁니다. 못을 박을 수도 없지만 이미 박은 못을 빼낼 수도 없다는 것은, 못이 빠진 자리에 흉한 구멍을 남기기 싫다는 것이지요. 어머니 가슴에 상처를 내고 싶지 않다는 시인의 아픈 마음이 녹아 있는 표현입니다.

아이의 자신감을 키워주는 부모의 자세

어떤 아이들은 이제 부모가 무슨 질문을 할지 짐작할 수도 있습니다. '자식이라면 부모에게 효도를 해야 한다고 말씀하시겠지?' '다 알고 있지만, 또 한번 들어줘야겠네.'라는 발칙한 생각을 할 수도 있습니다. 아이가 예상하지 못한 질문이 필요합니다. 이미 여기까지 읽고 상황을 해석한 것만으로 효의 가치는 충분히 설명했으니까요. 이번에는 효가 아닌 다른 영역으로 아이의 관심을 돌려봅시다.

> "시인은 하늘을 보며 어머니의 사랑을 떠올렸는데,
> 너는 하늘을 보면 뭐가 떠오르니?"

아이들은 짐작하지 못했던 질문에 오히려 흥미를 갖고 다양한 종류의 생각을 꺼낼 겁니다. 하늘을 보면 기분이 좋다거나, 좋은 사람이 생각난다거나, 맑은 하늘을 보면 나가서 놀 수 있어서 좋다고 말할 수도 있지요. 부모가 아이의 생각을 진지하게 들을수록, 그걸 말하는 아이의 음성은 당당하게 바뀝니다. 교실에서 수업하는 과정을 보면서 '우리 아이는 왜 발표를 안 할까?' 이런 생각에 가슴이 아플 때도 있었을 겁니다. 아이가 자신의 생각을 사소하게 여기거나 발표하는 것이 자신 없는 모습을 보인다면 더욱 더 아이의 말에 경청하는 모습을 보여주세요. 부모의 진지한 모습은 평생 아이의 자신감으로 남을 테니까요. 아이의 강력한 자신감의 근거가 되어주세요.

소중한 것을 지키려면 어떻게 해야 할까?

봄과 별을 생각하면 마음이 따뜻해지죠. 이처럼 세상에는 긍정적인 이미지를 전하는 사물과 단어가 있습니다. 하늘도 그중 하나입니다. 나쁜 마음을 갖고 사는 사람도 하늘을 보면 자신의 소중한 것을 떠올리게 됩니다. 최대한 긍정적인 효과를 낼 수 있도록, 그걸 질문에 적용해서 일상에서 실천할 수 있게 하는 것이 중요합니다. 그리고 아이가 답한 좋은 기분, 좋은 사람, 행복한 놀이 시간 등을 생각하게 하면서 이렇게 질문을 하는 거죠.

"그걸 평생 하고 살기 위해서 필요한 게 뭘까?"

하늘을 바라보며 생각나는 사람과 평생 좋은 인연이 되려면, 좋은 기분을 오랫동안 유지하려면 내가 어떤 사람이 되어야 하는지 생각해보는 겁니다. 그 사물과 상황 속으로 들어가 생각할 수 있어 문해력 향상에도 큰 도움이 됩니다. 그럼 자연스럽게 일상에서 실천할 세세한 사항이 하나하나 나오게 되겠죠. 좋은 말을 하면서 살기, 좋은 마음을 전하며 서로 이해하기, 자주 웃으며 인사하기 등이 있겠죠. 이때 부모의 반응이 중요합니다.

"나도 앞으로 그렇게 살아야겠다."
"우리도 서로 좋은 말과 마음을
 전하면서 행복하게 지내자."

부모의 반응과 실천하는 모습을 보며 아이도 삶의 소중한 가치를 깨닫게 됩니다. 아이 교육의 끝은 부모의 실천이라는 사실을 잊지 마세요. 아이에게 시키려고 하면 교육은 고문이 되지만, 함께 하려고 하면 그 모습 자체가 아름다운 동화 속 장면이 됩니다. 세상에서 가장 아름다운 동화는 책이 아닌 서로 가장 좋은 것을 주는 가정의 풍경입니다.

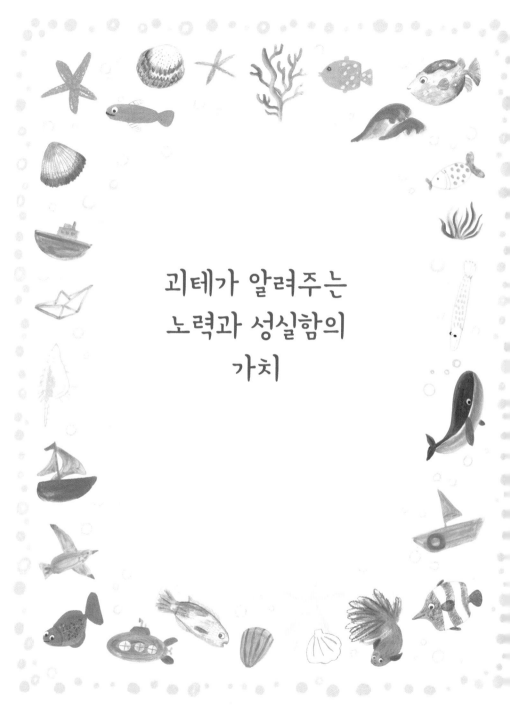

괴테가 알려주는
노력과 성실함의
가치

하프 타는 사람의 노래

괴테

뜨겁게 쏟아져 나온 눈물과 함께
빵을 먹어본 적이 없는 사람과
근심에 싸인 수많은 밤을
잠자리에서 일어나 앉아
울며 지새본 적이 없는 자는
천국의 힘을 알 수 없다.

천국의 힘이란 무엇을 말하는 걸까?

우리는 흔히 삶의 기쁨을 제대로 느끼기 위해서는 고통을 겪어봐야 한다고 생각하며 이런 표현을 자주 사용합니다.

'눈물 젖은 빵을 먹어본 적 없는 사람은 인생의 참다운 의미를 모른다.'

'눈물 젖은 빵'이라는 표현은, 독일의 대문호 괴테의 소설 『빌헬름 마이스터의 수업 시대』에 나오는 시 「하프 타는 사람의 노래」에서 유래되었습니다. 이 시에서 가장 독특한 표현은 마지막 줄에 나온 '천국의 힘'이라는 부분입니다. 괴테가 말하는 천국이란 대체 무엇일까요? 천국을 종교적으로 해석할 수도 있지만 그러면 아이가 폭넓게 생각하고 행동하는 데 큰 도움은 되지 않습니다. 이 시는 무언가를 얻기 위해서는 노력이라는 대가를 치러야 한다고 말하고 있습니다. 아이와 함께 생각해보세요.

"가난한 사람이 풍족한 삶을 살기 위해서는
무엇이 필요할까?"
"이제 일을 시작한 사람이 그 분야의 대가가 되려면
어떻게 해야 할까?"

부자와 중산층, 그리고 높은 지위에 오른 사람과 그렇지 못한 사람,

세상은 언제나 이렇게 무언가를 나누고 구분합니다. 사실 생명이 모여 살아가는 공간에서 이런 구분은 피할 수 없는 숙명이죠. 문제는 구분 자체가 아니라, 부자와 중산층, 높은 지위에 오른 사람과 아닌 사람 사이를 이어주는 통로가 없다는 사실에 있습니다. 통로가 없으니 서로가 서로를 이해하지 못하고, 무조건 비난하고 사라져야 할 대상이라고 판결을 내리듯 선언합니다. 또한, 통로가 없으니 당연히 위로 올라갈수도 없기 때문에 분노와 비난은 더욱 커집니다.

하지만 괴테는 노력과 성실성이라는 통로를 우리에게 소개하며 그 것을 천국의 힘에 비유한 것입니다. 마찬가지로 우리가 아이들에게 시를 소개하고 읽히는 이유도, 세상을 이해하는 또 하나의 통로를 만들어 주기 위해서죠. 매일 하나의 새로운 통로만 만들어도 아이는 조금 더 세상을 폭넓게 이해하게 될 것이며 무엇이든 빠르고 쉽게 배울 수 있는 어른으로 성장할 겁니다.

왜 밥이 아닌 빵으로 인생을 비유한 걸까?

무엇이든 그냥 읽으면, 그냥 스치게 됩니다. 스스로 많이 안다고 생각할 때 일어나는 현상이지요. 그러나 아이들은 세상이 이미 정답이라고 정한 것을 자꾸 들추어 질문하고 다른 의견을 제시하죠. 이 시도 마찬가지입니다. 제가 괴테의 시를 들려준 아이들 중 절반 이상은 이런 질문을 했습니다.

"이 시인은 왜 인생을 밥이 아닌 빵에 비유했어요?
 난 밥이 좋은데."

귀여운 질문인 동시에 매우 중요한 질문입니다. 누구나 자신에게 익숙한 단어들을 활용하게 됩니다. 서양인에게는 '밥'보다 '빵'이 익숙하기 때문에 빵을 활용하여 시를 쓴 것이라고 아이에게 설명해주세요. 이렇게 무엇이든 아이가 이해하기 쉽게 설명하고 질문하는 태도가 필요합니다. 그래서 저는 늘 다음 세 가지 질문의 중요성을 부모에게 늘 강조합니다.

"나는 아이를 통제하지 않고도 사랑할 수 있는가?"
"나는 아이를 평가하지 않고도 좋은 영향을 줄 수 있나?"
"나는 아이에게 집착하지 않으며 좋은 마음을 전할 수 있나?"

부모라면 꼭 이 세 가지 질문을 매일 반복하며 아이와의 일상에서 일어나는 모든 일에 적용할 수 있어야 합니다. 아이를 바라보는 두 눈과 마음 안에 식지 않는 사랑이 흐르고 있다면 가능합니다. 사랑이 모든 교육의 답은 아니지만, 사랑이 없으면 무엇도 통하지 않습니다.

주제를 바꾸면 시가 어떻게 바뀔까?

분석을 통해 시에서 '밥'이 아닌 '빵'이 나온 이유를 알게 되었다면 이제는 시를 '나만의 것'으로 만들기 위해서 '밥'의 관점으로 시를 다시 바라보는 시간이 필요합니다. 이제는 대문호 괴테의 시가 아닌 '우리 아이의 시'가 될 차례인 거죠.

> "'빵'이 아닌 '밥'이라는 단어를 사용하면
> 시가 어떻게 바뀔까?"

먼저 질문으로 아이의 생각을 자극해주세요. 예를 들어 괴테는 시에서 '눈물과 함께 먹는 빵'을 언급했지만, 우리의 정서에 맞게 아이가 '김치찌개와 먹는 찬밥'이라는 표현으로 바꿀 수도 있겠죠. 식사할 때늘 국물이 있어야 밥을 먹을 수 있는 한국인의 특성 때문에 아이가 '눈물'을 '국물'처럼 느끼고 친근하게 다가갈 수 있기 때문입니다. 이렇게 시선을 바꿔서 생각하면 순식간에 시가 전혀 다른 느낌으로 바뀝니다.

수많은 시도 없이는 아무런 일도 일어나지 않죠. 모든 일은 쉬워

지기 전에 가장 어렵고, 결과를 만나기 전에 가장 고통스럽습니다. 타인이 이룬 성과를 볼 때도 마찬가지죠. 만약 남이 무언가를 하는 모습을 보며, '저거 나도 할 수 있겠네.'라는 생각을 한다면, 그 이유는 당신이 아직 제대로 모르기 때문일 가능성이 높습니다. 남이 하는 일이 쉬워 보이는 이유는 그가 그것을 만들기까지 수없이 통과한, 어렵고 고통스러운 과정을 알아보는 안목이 없기 때문입니다. 보이지 않는 부분까지 볼 수 있어야 우리는 무언가를 배울 수 있습니다. 아이는 이 시를 자신의 방식으로 바꾸려는 시도를 하며 시 한 줄이 쉽게 쓰여진 것이 아니라는 귀중한 사실을 깨닫게 됩니다. 보이지 않는 부분까지 발견할 수 있는 안목을 갖게 되는 거죠.

오늘 하루를 스스로 돌아보는 질문들

이번에는 지금까지 나온 지식을 혼합한 질문으로 아이 스스로 자신의 하루를 돌아보는 시간을 가져보려고 합니다.

> "나는 내 인생의 천국을 만나기 위해
>   요즘 무엇을 하고 있지?"
> "인생의 아픔을 겪고 눈물을 흘린 사람만이

천국의 힘을 알 수 있다고 하는데, 그 이유가 뭘까?"

"노력한 사람만이 아는 게 뭘까?"

이런 식으로 질문의 끝이 향하는 방향을 분명하고 선명하게 변주하며 다가가면 아이들도 한결 답하기 수월해집니다. 모든 아이들은 어떤 상황에서도 자기 생각을 꺼내 언어로 표현할 수 있습니다. 부모가 아이에게 던지는 질문의 끝을 뾰족하고 섬세하게 다듬고 또 다듬는 과정을 반복하면 가능합니다.

"나는 최근에 언제 무엇 때문에 울었었지?"

이제 이 질문에 적절한 답을 할 수 있을 겁니다. 또한, 눈물이 무엇을 의미하는지도 전보다는 선명하게 그릴 수 있게 되죠. 그렇게 모든 시도는 우리에게 고통을 주고, 고통을 통해 무언가 하나를 해결하면서 제대로 알아갈 수 있다는 사실을 알려주세요. 최근에 울었던 경험을 떠올리며 대화를 통해 자신의 눈물 역시 천국의 힘을 갖기 위한 과정이었다는 것을 스스로 체감하게 하는 것도 좋습니다. 이 모든 것이 한 번에 빠르게 이루어지지 않을 수도 있습니다. 그러나 저절로 이루어지는 것은 없다는 사실 하나만 알게 되도, 그것 자체가 매우 근사한 변화라는 사실을 기억해주세요.

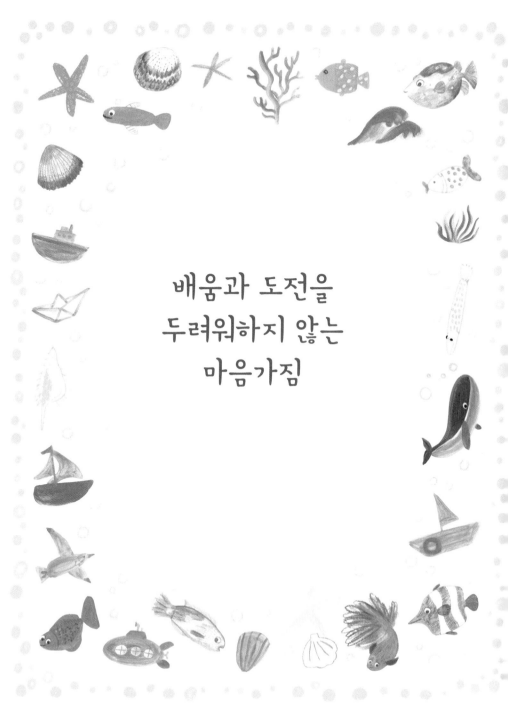

배움과 도전을
두려워하지 않는
마음가짐

절벽 가까이로 부르셔서

로버트 슐러

당신이 절벽 가까이로
나를 부르셔서 다가갔습니다.

절벽 끝에 더 가까이 오라 하셔서
나는 더 다가갔습니다.

그랬더니 당신은
절벽에 겨우 발을 붙이고 서 있는 나를
절벽 아래로 밀어버리는 것이었습니다.

물론 나는
그 절벽 아래로 떨어졌습니다.

그런데 나는 그때까지
내가 하늘을 날 수 있다는 것을 몰랐습니다.

이 사람은 왜 절벽에서 떨어진 걸까?

이 시는 어른도 그렇지만 아이에게도 매우 아름다운 가치를 전해줍니다. 시에 나오는 풍경을 하나하나 설명해주면서 시가 전하는 이미지를 아이가 생생하게 눈으로 그리며 읽을 수 있게 도와주세요.

"누군가 너를 불러서 절벽 끝에 섰는데,

그가 갑자기 뒤에서 널 절벽 밑으로 밀어버리면

어떤 일이 생길까?"

처음에는 이런 질문으로 아이가 시의 주인공이 된 기분을 느끼게 하는 게 좋습니다. 감정 이입이 되지 않으면 시를 제대로 느끼기 힘들기 때문입니다. "그냥 바닥으로 떨어지겠지, 뭐."라는 평면적인 답이 나올 수도 있고, "하늘을 나는 것에 도전해보라고 밀었을 수도 있어!"라는 입체적이고 신선한 답이 나올 수도 있습니다. 아이의 답변 하나하나는 모두 그 자체로 소중하다는 사실을 잊지 마세요. 그래야 타인의 의견을 존중할 수 있고, 앞으로도 자기 생각을 당당하게 표현할 수 있으니까요. 아이의 대답은 모두 소중합니다. 또한 아이가 시를 읽는 이유는 지금 당장이 아닌 앞으로의 변화를 위해 천천히 준비하기 위해서라는 사실도 기억해주세요.

시의 내용과 정반대인 질문을 하는 이유

여기에서 이 시의 가장 중요한 단어인 '날개'에 대한 언급이 필요합니다.

"마지막에 이 사람이 절벽 아래로 추락한 게 아니라
날개를 펴고 하늘을 날았다는데,
사람에게 날개가 있다니 이게 무슨 말일까?"

실제로 등에 날개가 있어 하늘을 날아갈 수 있는 사람은 세상에 없다는 사실 정도는 아이들도 이미 다 알고 있을 겁니다.

"실제로 날았다는 것이 아니라, 뭔가 자신의 가능성을 봤다는 뜻 아니에요?"

그건 사실 보통의 상식이 있는 사람이라면 누구나 할 수 있는 생각입니다. 이번에는 수준을 조금 높여서 시의 내용과 반대인 질문을 해볼까요. 시도하지 않고 현실에 안주하면 어떤 인생을 살게 되는지 알려줄 때 필요한 질문인데, 만약 아이가 쉽게 답하지 못한다면, 아이가 이해하기 쉽게 이런 방식으로 질문하면 됩니다.

"너도 가끔 하늘을 날아가는 기분을 느낄 때가 있지?
이 사람도 마찬가지 아닐까?

좋은 일이 있을 때, 자신의 가능성을 발견할 때

하늘을 날아가는 기분을 느끼는 것처럼 말이야.

그런데 만약 절벽 아래로 떨어지는 선택을 하지 않았다면

그 기분과 마음을 느끼지 못할 수도 있지 않을까?"

모든 질문이 다 좋은 것은 아닙니다. 이렇게 시를 더 긍정적으로 읽기 위해서는 내용과 반대가 되는 질문을 던져볼 필요도 있습니다. 이때 아이 입장에 꼭 맞는 질문을 찾아야 한다는 사실을 꼭 기억해주세요.

내면이 강한 부모는 아이에게
아무것도 강요하지 않는다

무언가를 새롭게 배우거나 깨닫는 삶을 살고 싶다면, 입에 쓴 것을 달게 받아들이는 태도가 필요합니다. 절벽 끝에서 아래를 내려다보면 누구나 두렵고 무섭다는 생각을 하게 되지요. 하지만 시에서 말한 것처럼 그런 고통 가득한 쓴 시간을 달게 받아들이지 않으면, 우리는 날개를 펼칠 기회를 자신에게 주지 못하게 됩니다. 이제 시에서 전한 그 메시지를 아이가 잘 받아들였으니 시선을 바꿔서 자신이 시의 주인공이 되었다고 생각하며 이렇게 아이 스스로 질문하게 도와주세요.

"나는 언제 하늘을 날아가는 기분을 느끼지?"
"뭘 시작할 때 나는 힘들지만 웃으며 하게 되지?"

뭐든 그렇게 스스로 질문을 통해 배우고 깨닫게 되면 부모는 아이를 교육하기 위해 자유를 빼앗거나 공부를 강요할 필요가 없어집니다. 부모가 꼭 기억할 것이 있습니다. 내면이 강한 부모는 아이들에게 어떤 것도 강요하지 않는다는 사실입니다. 차분하게 때를 기다리며 현명한 질문을 던질 줄 알기 때문입니다. 하지만 내면이 약한 부모는 자꾸만 억압하고 강요하며 제대로 일이 풀리지 않아 아이와 다툽니다. 그런 모든 행동이 아이에게 상처로 남는 이유는, 아이에게는 아무런 힘도 없기 때문입니다. 부모가 주는 고통을 그저 견디거나, 눈을 감고 참을 수밖에 없기 때문이죠. 질문이 바로 선 부모는 결코 아이에게 무엇도 강요하지 않습니다. 그것이 우리가 아이와 함께 시를 읽고 질문을 통해서 내면의 강도를 키우는 이유입니다. 부모의 내면이 탄탄해야 질문이 바로 설 수 있습니다.

너의 날개는 너를 어디까지 날게 하니?

우리는 보통 어떤 단어를 다른 단어와 자동으로 연결해서 생각하게 됩니다. '나비'와 '꽃', '갈매기'와 '바다'를 예로 들 수 있습니다. 그런데 만약 아이가 이런 자동으로 연결되는 오래된 생각의 과정에서 벗어나 '나비'와 '바다'를, '갈매기'와 '꽃'을 연결해서 생각할 수 있다면 어떻게 될까요? 생각만으로도 즐거워지는 상상이죠. 그간 상상할 수 없던 것을 볼 수 있는 계기가 되기 때문이죠.

나비와 꽃을 연결해서 생각할 때는 정원이라는 좁은 공간에 갇혀서 생각하게 되지만, 나비를 바다로 보낼 수 있다면 바다를 건너 대륙을 횡단하는 근사한 생각을 하게 될 것입니다. 그래서 생각에는 국경이 없으며 스스로 생각할 수 있는 사람은 앉아서 세상을 짐작하고 바라봅니다. 그렇게 전혀 상관이 없다고 생각하는 것을 연결해서 생각할 수 있다면 그 아이는 자신이 원하는 어디든 쉽게 날아갈 수 있습니다. 한계가 없는 삶을 살게 되는 것이지요. 아이가 그런 삶을 살기를 바란다면 다음 세 가지 삶의 태도를 마치 습관처럼 지니며 살게 해주세요.

"세상에 정해진 것은 하나도 없다."
"모든 정의는 내가 스스로 내린다."
"모든 분야는 하나로 연결되어 있다."

이를 통해 아이는 조금씩 분야를 허물고 서로 연결해서, 보이지 않는 세계를 무대로 거침없이 활보하는 인생을 살게 됩니다.

능동적으로 생각하고
삶의 관점을
바꾸는 법

반짝 반짝 작은 별

윤석중

반짝 반짝 작은 별
아름답게 비치네
서쪽 하늘에서도
동쪽 하늘에서도
반짝 반짝 작은 별
아름답게 비치네

아이의 일상을 경탄으로 가득 채우기

〈반짝 반짝 작은 별〉은 아이들에게 매우 익숙한 동요입니다. 그래서 더욱 가치가 있지요. 자신이 어릴 때부터 귀엽게 춤을 추며 암기할 정도로 불렀던 동요가 얼마나 귀한 가치를 담고 있는지 새롭게 알게 될 순간이니까요. 자, 먼저 아이에게 이런 질문을 해보죠.

"별은 생물일까?"

별은 살아서 움직이는 생명은 아닙니다. 물론 태어나고 사라지기는 하지만 생명이라고 말할 수는 없지요. 하지만 아이들은 움직이지 못하는 별을 손가락으로 반짝이는 흉내를 내면서 스스로 생각을 자극합니다. 별이 마치 살아 있는 것처럼 흉내를 내며 표현하는 거죠. 이는 매우 경이로운 일입니다. 사소하다고 생각할 수 있는 놀이 속에서 경탄하는 순간을 경험할 수 있기 때문입니다. 인간이 자신의 가치를 세상에 전하는 방법 중 가장 높은 수준에 있는 것이 바로 '경탄'입니다. 경탄이란 그것을 인지하고 있으며 기쁨으로 바라보고 있다는 증거이기 때문이죠. 생명이 있는 존재를 하나 하나 더 알게 되면서 아이의 일상은 경탄으로 가득 채워집니다. 그렇게 일상에서 마주치는 온갖 사물과 사건을 바라보며 깊이 주목하고 관찰하는 힘이 길러지지요.

왜 같은 노래를 모두 다르게 부르는 걸까?

〈반짝 반짝 작은 별〉은 세계적인 노래입니다. 한국을 비롯해서 많은 나라에서 불리는 곡이기 때문이죠. 그 사실을 아이에게 알려주면, 이런 호기심을 가질 가능성이 높습니다.

"다른 나라에서 부르는 〈반짝 반짝 작은 별〉도
 한국에서 부르는 가사와 같을까?"

그때 다른 나라에서 불리는 〈반짝 반짝 작은 별〉의 가사를 아이에게 소개해주세요.

'어제 우리 엄마의 팔에 안겨 있을 때
꽃이 핀 우리 마당의 길에서 뛰어 놀던 때
이제 우린 학생으로 자랐네.
교실에 앉아서 우리는 모두 행복하네.
우리 학교 만세'
- 터키어 가사

'밝게 빛나는 나의 작은 달아.

내가 가는 길을 비추어다오
학교에 갈 수 있도록
거기에서 문법과
하느님의 길을 배울 수 있도록
밝게 빛나는 나의 작은 달아
내가 가는 길을 비추어다오'
- 그리스어 가사

아이들은 나라마다 가사가 다르다는 사실에 놀라게 될 겁니다. 함께 고민해보세요.

"왜 가사가 모두 다른 걸까?
추구하는 가치가 모두 달라서 그런 게 아닐까?"
"나라마다 소중하게 생각하는 게 다른 게 아닐까?"

아이 입장에서 세상에서 가장 좋은 질문은 창조적이며 화려한 질문이 아니라, 이해하기 쉬운 질문입니다. 아이들은 부모의 질문을 통해서 터키에서는 모두의 행복을 중요하게 생각하고, 그리스에서는 신앙과 배움의 과정을 소중하게 생각한다는 사실을 알게 될 겁니다. 시와 노래를 통해서 그 나라의 문화와 철학까지 짐작하고 배울 수 있게 되는 거죠.

생각을 바꾸면 미래를 바꿀 수 있을까?

여러분은 혹시 재즈의 거장 루이 암스트롱의 대표곡 〈What a wonderful world〉의 전주 부분을 자세히 들어본 적이 있나요? 이번에 한 번 시도해 보세요. 아마 익숙한 멜로디가 흐른다는 사실을 알게 되며 새로운 즐거움을 느끼게 될 겁니다. 바로 전주 부분에 〈반짝 반짝 작은 별〉의 멜로디를 변주한 부분이 나온답니다. 그럼 바로 이런 질문을 할 수 있게 되겠죠.

> "모든 나라에서 부르고 있는
> 〈반짝 반짝 작은 별〉의 원조는 뭘까?"

모차르트의 음악이 변주되어 〈반짝 반짝 작은 별〉이라는 동요가 만들어졌고, 이 동요는 루이 암스트롱의 재즈가 되었습니다. 이 변주는 다양한 시선으로 음악을 감상했기 때문에 가능한 일이었습니다. 아이와 함께 음악을 감상하며 이 이야기를 들려주세요. 그럼 아이는 '능동적으로 생각하고 시선을 바꾸는 법'을 자연스럽게 깨닫게 될 것입니다. 생각할 수 있다면 어디든 갈 수 있고, 또 무엇이든 만들 수 있습니다. 시를 읽고 음악을 듣고 함께 생각하는 것만으로도 우리는 아이에게 인생의 멋진 비밀을 알려줄 수 있습니다.

안다는 것은 무엇을 의미하는 걸까?

자, 이번에는 이런 상상을 해보죠. 당신에게 택배가 하나 왔습니다. 온라인 서점에서 주문한 책이 배송된 거죠. 그런데 아직 포장을 뜯지 않아서 박스 상태로 존재하는 그것을 책이라고 부를 수 있을까요? 그런데 우리는 그것을 보며 "책이 왔네."라고 말하죠. 그럼 이제 포장을 뜯어 책을 꺼내보죠. 이번에는 정말 그 책을 들며 "책이 왔네."라고 말할 수 있을까요?

우리는 학창시절에 수많은 시를 외웠습니다. 지금도 읽고 있지요. 그런데 시를 읽고 외웠다고 "나는 시를 알아."라고 말할 수 있을까요? 같은 맥락에서 이해하시면 됩니다. 책은 그 책 안에 있고, 시도 그 시 안에 존재합니다. 이게 무슨 말일까요? 우리가 손에 잡은 책과 머리로 암기한 시는 그저 세상이 그것을 부르기 편하게 만든 이름에 불과합니다. 진짜 의미는 눈에 보이지 않는 곳에서 잠자고 있는 거죠. 이 지점에서 우리는 중요한 질문을 마주하게 됩니다.

"잠자는 진짜 의미를 깨울 수 있을 것인가,
아니면 잠자는 그것이 시와 책이라 믿으며
읽고 스칠 것인가?"

전자는 하나만 깨워도 그걸 통해 수백 가지의 다양한 이야기와 지식을 깨닫게 되지만, 후자는 수백 개의 시와 책을 읽어도 하나도 남기지 못하는 일상을 보내게 됩니다. 그래서 전자는 하나를 집중해서 바라보는 일상을 강조하고, 후자는 자꾸만 숫자를 강조하며 살게 됩니다. 깨달은 것은 없으니 많이 읽고 외웠다는 껍데기에 불과한 숫자를 늘리는 것입니다. 진실로 안다는 것은 무엇일까요? 「반짝 반짝 작은 별」을 읽고 우리는 이제 그 질문에 조금 더 선명한 답을 내놓을 수 있습니다.

타인의 장점과
세상의 빛을
발견하는 시선

허락된 과식

나희덕

이렇게 먹음직스러운 햇빛이 가득한 건
근래 보기 드문 일

오랜 허기를 채우려고
맨발 몇이
봄날 오후 산자락에 누워 있다

먹어도 먹어도 배부르지 않은
햇빛을
연초록 잎들이 그렇게 하듯이

핥아먹고 빨아먹고 꼭꼭 씹어도 먹고
허천난 듯 먹고 마셔댔지만

그래도 남아도는 열두 광주리의 햇빛!

왜 햇빛이 가득한 게 보기 드문 일일까?

장마철이 아닌 이상 햇빛은 누구나 쉽게 만날 수 있는 자연의 일부입니다. 그런데 참 이상하죠. 왜 시인은 그걸 보기 드문 일이라고 표현하며 사람들이 오랜 허기를 채우려고 나왔다는 이야기를 했을까요? 어두운 부분만 바라보는 사람이 많기 때문입니다. 세상에는 분명 좋은 것이 있지만 늘 나쁜 것만 생각하는 사람이 있습니다. 스스로 자신에게 불행만 허락하는 거죠. 이 시를 통해 아이들에게 세상과 사람의 좋은 부분을 발견하는 것의 가치를 알려줄 수 있다면, 아이들의 세계는 더욱 풍성해질 겁니다.

아이들의 삶에는 매일 새로운 것들이 쌓입니다. 새롭게 배운 지식들, 새롭게 알게 된 표현과 처음 접하는 온갖 상황들이 바로 그것들이죠. 그래서 부모는 아이에게 무언가를 더 쌓으라고 말할 필요가 없습니다. 부모가 해야 할 일은 무얼 더하는 것이 아니라, 아이가 새롭게 만난 것들 중 좋지 않은 것은 덜어내고, 그렇게 남은 것의 의미를 선명하게 하고, 복잡하게 얽힌 것을 간단하게 하는 것입니다. 쌓으려고 하지 말고, 매일 조금씩 덜어낼 수 있게 돕는 마음이 필요하죠. 그때 필요한 것이 바로 좋은 것을 보고 판단하는 능력입니다. 그것은 생각보다 힘들고 어려운 일이 아닙니다. 그저 자신에게 쓰는 시간 중 하루 10분을 절약해서 그 10분을 사랑하는 아이에게 선물하면 되기 때문입니다.

왜 '허락된 과식'이라는 제목을 쓴 걸까?

여기에서 우리는 사소한 표현 하나가 갖고 있는 힘을 느낄 수 있습니다. 부모와 아이 모두에게 언어의 놀라운 힘을 느낄 수 있는 좋은 기회가 될 겁니다. '허락된 과식'이라는 표현은 일상에서 자주 사용하는 말은 아닙니다. 이 표현을 발음할 때 약간 어색한 이유가 뭘까요? 단순히 허락과 과식이라는 표현이 하나로 연결되어서 그런 것은 아닙니다. 바로 '된'이라는 표현 때문이죠. 보통 우리는 '허락하다'라는 표현에 익숙하지 '허락되다'라는 표현은 거의 사용할 일이 없습니다. 그 사소하지만 매우 중요한 차이를 발견할 수 있다면, 시가 전혀 다르게 읽히는 놀라운 경험을 할 수 있습니다. '허락한'이 아닌 '허락된'이라는 표현을 썼기 때문에 우리는 시에서 햇살이 이미 모두에게 주어진 자연의 선물이라는 사실을 더욱 선명하게 깨닫게 되지요.

이런 재미있는 사례도 있지요. 프랑스어로 '모르'는 죽음을 의미합니다. 그러나 여기에 '아'를 붙이면 의미는 완전히 달라지죠. '아모르', 바로 사랑을 의미하는 단어로 바뀌는 겁니다. 그렇습니다. 사는 게 힘들어 죽고 싶다는 말하는 사람들은 결국 정말로 죽고 싶은 게 아니라, "나를 좀 사랑해줘, 그리고 내게도 사랑할 사람이 필요해."라고 외치고 있는 거라고 볼 수 있겠지요. '모르'와 '아모르'는 죽음과 사랑의 거리만큼 정말 멀리 떨어져 있는 단어라고 생각했지만 결국 하나로 연결되어 있는 말이었습니다. 사소한 표현 하나도 지나치지 않고 주의 깊게 살필 수 있다면, 그 아이는 주어진 세계에서 더 풍부한 것을 발견할 수 있을 겁니다. 우리는 늘 세상이 떨어져 있다고 말한 것을 붙일 수 있고, 붙었다고 말하는 것을 떨어지게 할 수 있다는 사실을 기억해야 합니다. 우리의 생각만이 그것을 가능하게 합니다.

햇살을 아무리 먹어도 배가 부르지 않는 이유는 뭘까?

아무리 맛있는 음식도 많이 먹으면 배가 불러서 더 이상 먹지 못하는 상태가 됩니다. 그러나 인간이 살기 위해 꼭 필요한 소중한 것들은 조금 다릅니다. 공기는 아무리 먹어도 배가 부르지 않죠. 마찬가지입니다. 희망과 꿈도 아무리 먹어도 전혀 배가 부르지 않습니다. 햇살도 마찬가지로 인간에게 반드시 필요한 소중한 것이기 때문에 아무리 먹어도 배가 부르지 않습니다. 결국 이 시에서 햇살을 아무리 먹어도 배가 부르지 않는다고 말한 이유는, 인생에서 소중한 가치를 찾아서 그것의 의미를 발견하고 최대한 내면에 많이 담으라는 것이지요. 건축과 시를 예로 들어서 쉽게 설명해보겠습니다. 건축은 단순히 벽돌을 쌓아 올린 것이 아닙니다. 하나의 예술 작품이라고 볼 수 있죠. 시도 그렇습니다.

그 관계를 멋지게 한 줄로 정리하면 이렇습니다. '건축은 동결한 예술이고, 시는 동결한 자연이다.' 지금도 마음껏 즐기라고 세상에 이렇게 햇살이 골고루 퍼져 있는 것처럼, 우리가 마음 편하게 그것에 대해서 안다고 말할 때까지 섬세하게 살펴보라고 예술적 영감이 녹아 사라지지 않게 완전히 얼려서 건축과 시의 형태로 제공한 것입니다. 그걸 단지 겉만 보며 지나간다는 것은 애써 만든 사람에 대한 예의가 아니겠지요. 건축은 동결하기 전 살아서 움직이던 예술을 봐야 하고, 시도 동결하기 전 푸르게 피어난 자연을 봐야 합니다. 굳이 멀리 나갈 필요도 없습니다. 아이와 함께 동네를 산책하며 주변 건물과 거리에 핀 꽃을 보면서도 그 안에 깃들 예술을 발견할 수 있으니까요. 과거에는 그냥 지나치던 그 안을 들여다보면, 비로소 건축과 시가 가진 새로운 가치가 보입니다. 시인의 말처럼, 그 모든 것은 이미 허락된 것이니 걱정하지 말고 마음 편하게 보시면 됩니다.

같은 환경에서도 더 빛나게 성장하는 사람의 비밀

교육을 하다 보면 참 특이한 일이 자주 일어납니다. 어릴 때부터 같은 공간에서 성장한 두 사람이, 같은 교육을 받고 비슷한 삶의 과정을 거쳐도 전혀 다른 인생의 결과를 만나기 때문이죠. 많은 사람이 여전히 그 이유가 뭔지 잘 모르고 있습니다. 부모 입장에서는 더욱 애가 탈 수밖에 없습니다. 공평하게 같은 것을 줬지만 결과는 너무나 다르기 때문입니다. 다양한 변수가 있겠지만, 가장 결정적인 이유 중 하나는 삶의 선택에 있습니다. 바로 이 질문에서 격차가 벌어지는 거죠.

"무엇을 어떤 시선으로 바라보며 생각하는가?"

같은 환경에서도 월등한 결과를 내는 아이들의 시선은 완전히 다릅니다. 시작이 다르니 결과는 더욱 달라지겠죠. 그들의 삶은 우리에게 이렇게 조언합니다. 이 글을 필사하거나 낭독하면 더욱 좋습니다.

"좋은 일과 나쁜 일이 동시에 일어났다면
나쁜 일은 버리고 좋은 일만 잡아라.
행복한 소식과 불행한 소식이 동시에 생겼다면
불행한 소식은 접고 행복한 소식만 자주 펴자.
평가할 일과 축하할 일이 앞에 있다면
평가는 지우고 축하만 전하자.
살면서 늘 좋은 것만 기억하고 남기자.
행복한 소식만 쌓고 불행은 버리자.
평가는 고통만 주니 축하하는 마음만 전하자."

정말 간단한 방법이지만 이것이 한 사람의 인생에 커다란 영향을 주는 이유는, 좋은 것을 가장 자주 잡은 사람이 결국 좋은 인생을 살게 되기 때문입니다. 간단하지만 특별한 의미를 담고 있는 이야기죠. 물론 힘든 일과 나쁜 일은 언제나 우리를 유혹합니다. 사실 인간은 좋은 감정보다 나쁜 감정을 더 자주 손에 쥐며, 그렇게 스스로에게 아픔을 주는 어리석은 선택을 합니다. 이유는 간단합니다. 그것들이 늘 사람 마음에 붙어 떨어지지 않으려고 하기 때문이죠. 그럴 때마다 이 세상에서 가장 소중한 '나라는 존재'를 기억하세요. 무엇보다 자신에게, 주변 소중한 사람과 가족, 그리고 사랑하는 아이에게 이렇게 자주 말해주세요.

"자신에게 가장 소중한 것만 허락하라.
당신은 그럴 가치가 충분한 사람이니까."

같은 것을 봐도 우리는 더 좋은 것을 손에 잡을 수 있습니다. 그러니 더 빛나고 아름다운 것, 좋은 것만 바라보며 살아가세요. 결국 당신의 인생도 당신을 따라서 변할 테니까요.

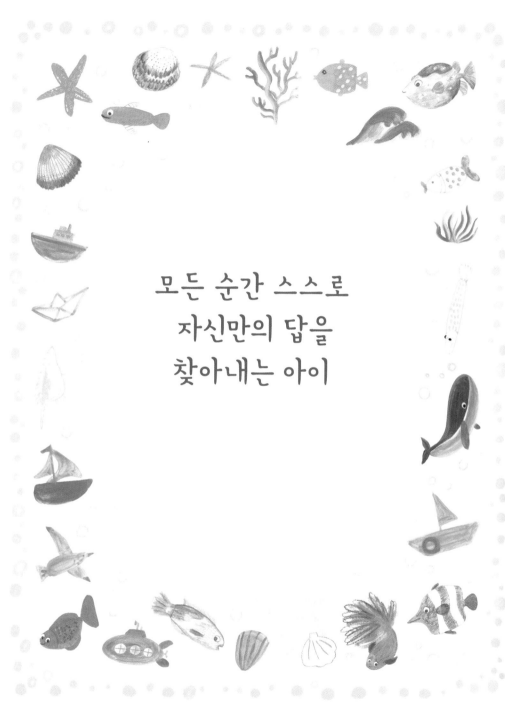

모든 순간 스스로
자신만의 답을
찾아내는 아이

젊은 시인에게 주는 충고

릴케

마음속 풀리지 않는 모든 문제들에 대하여
인내를 가지고 바라보자.
먼저, 문제 그 자체를 사랑하라.
지금 당장 해답을 얻겠다는 생각을 버려라.
그건 지금 당장 주어지는 게 아니니까.
중요한 건 모든 것을 살아봐야 안다는 것이다.
지금 당신의 문제를 살아보라.
그러면 언젠가 먼 미래에
자신도 알지 못하는 사이에
삶이 너에게 해답을 가져다 줄 테니까.

'문제를 살아보라'는 말의 의미

이 시는 어른들이 읽기에는 쉬울 수 있지만 아이들에게는 조금 어렵게 느껴질 수도 있습니다. 바로 '지금 당신의 문제를 살아보라.'라는 구절이 아이에게 익숙한 표현이 아니기 때문이지요. 아이와 함께 이 표현을 주제로 대화를 나눠보세요. 표현을 조금 변주하면 쉽게 다가갈 수 있습니다.

> "풀리지 않는 수학 문제를 해결하려면
> 어떻게 해야 할까?"

이런 질문으로 시작해서 아이가 스스로 자신의 경험을 떠올리게 해보는 겁니다. 그럼 결국 답은 하나로 모일 것입니다.

> "문제를 해결하기 위해서는
> 직접 공부해서 풀 수밖에 없다."

아무리 고민해도 고민이 좋은 답을 주진 않습니다. 교육도 마찬가지입니다. 부모가 자신의 인생에서 배운 무언가를 아이에게 가르치고, 그걸 배운 아이가 자신이 실천해서 깨닫게 된 새로운 방법을 다시 부모에게 가르친다면, 그것보다 아름답고 지혜로운 교실이 또 어디에 있을까요. 자신이 절실하게 사색하고 경험한 것을 가장 소중한 사람과 나누는 거니까요. 또한, 그렇게 서로 가르치고 서로 배우는 나날을 보내게 된다면 따로 교실이 필요하지 않을 것입니다. 두 사람의 눈이 마주치는 모든 공간이 살아 있는 지성의 무대이니까요. '문제를 살아보라'는 이 시를 통해 우리는 그 무대에 설 수 있습니다.

릴케는 왜 하필이면 '젊은이'에게 충고를 한 걸까?

노인도 있고 중년도 있는데 왜 시인은 젊은이를 콕 짚어서 조언을 했을까요? 시를 읽을 때는 이렇게 제목과 그 안에서 말하는 방향을 동시에 생각해보는 시간이 필요합니다. 그래야 더욱 '가치 있는 읽기'가 되기 때문이죠. 시인이 다른 연령이 아닌 젊은이들에게 조언한 이유는 젊은 시절은 모두가 인정하는 방법보다는 경험을 통해 자신만의 방법을 찾는 시간이라 생각했기 때문입니다. 모든 일에는 순서가 있습니다. 시인은 그걸 알려주고 싶었던 거죠.

돈에 비유를 해보겠습니다. 요즘 아이들은 예전보다 돈에 관심이 많습니다. 물론 돈을 벌겠다는 생각은 중요합니다. 하지만 균형이 맞지 않으면, 돈에 대한 집착은 자신을 망치는 독이 될 수도 있죠. 그래서 필요한 것이 자기 일에 대한 애정입니다. 아이에게 먼저 이렇게 질문해보세요.

"어떻게 하면 돈을 많이 벌 수 있을까?"

그리고 제가 전하는 다음 이야기를 함께 읽으며 생각해보는 시간을 나눈다면 더욱 의미 있는 시간이 될 수 있습니다. 합을 100으로 볼 때, 돈을 벌겠다는 마음이 90이고 일을 좋아하는 마음이 10이라면 돈을 벌지 못할 가능성이 매우 높습니다. 욕심만 가득하지 실제로 돈을 얻기 위한 행동은 거의 하지 않기 때문입니다. 반면에 일을 좋아하는 마음이 90이고 돈을 벌겠다는 마음이 10이라면 돈을 벌게 될 가능성이 매우 높아지죠. 그래서 돈은 아무리 빠르게 뛰어도 잡을 수 없습니다. 다만 좋아하는 일에 몰입하면 쉬워집니다. 돈은 자신의 일을 좋아하는 사람을 따라다니는 취미가 있으니까요. 시인은 젊은이라면 인생의 90은 경험을 바탕으로 자신만의 방법을 찾아야 한다고 말합니다. 이번에는 아이와 함께 이런 이야기를 나눠보세요.

"너의 90은 무엇이 차지하고 있니?"

그 질문을 통해 아이는 원하는 것을 얻기 위해서는 목표만이 아닌 과정에 충실해야 한다는 가장 단순하지만 절대적인 진리를 내면에 담게 됩니다.

결과보다는 아이의 노력을 칭찬하라

누구나 피카소의 이름을 알고 있습니다. 그러나 그의 경쟁력이 어디에서 출발했는지 제대로 아는 사람은 별로 없습니다. 수많은 요인이 있겠지만, 저는 그가 남긴 말에서 그 힌트를 찾았습니다. "나는 사물을 본대로 그리지 않는다. 내 생각대로 그린다." 멋진 말이지요. 역시 세상에 없는 다른 그림은 다른 생각에서 나온다는 사실을 깨닫게 됩니다. 그는 자신이 그리고 싶은 대상 그 자체를 사랑한 사람입니다. 사랑하기 때문에 가장 오래 사색하며 자신만의 이미지를 발견할 수 있었지요.

아이들의 생각을 자극하는 것은 매우 좋은 지적 행위입니다. 그러나 너무 자주 자극해서 생각할 틈도 주지 않는다면 아이는 오히려 무감각해지겠죠. 멈추지 않고 계속해서 책을 읽게 하는 것도, 너무 많은 것을 보여주는 것도 마찬가지입니다. 아이 스스로 무언가를 선택해서 멈추지 않는다면, 아무리 많은 것을 보여주고 알려줘도 아이는 자기 안에 무엇도 담을 수가 없습니다. 너무 많은 소리가 들리는 공간에서는 아무런 소리도 알아듣지 못하는 것처럼, 영원히 만족하지도 배울 수도 없는 사람으로 성장하게 되지요.

하나의 문제를 발견하고 그것을 오랫동안 생각하며 자신만의 답을 찾아내는 아이로 키우고 싶다면, 아이만을 위한 가장 조용한 공간을 찾아주세요. 산책이든 명상이든 고요히 머물 수 있다면 어디든 좋습니다. 아이가 홀로 머물 공간과 시간을 허락하면 모든 문제는 저절로 해결되니까요.

인생의 주인공은 언제나 아이 자신이어야 한다

아이의 지성과 인성 그리고 창의력과 문해력 등 다양한 성장 요소를 이전보다 높게 키우기 위해 시작한 이 책의 가장 큰 특징은, 질문과 탐구 그리고 생각의 탐험을 통해 아이들에게 일상에 모든 답이 있다는 사실을 알려준다는 데 있습니다. 세상에 정답은 없습니다. 이 시가 말해주는 메시지도 바로 그것입니다.

"모두에게 맞는 답은 없어.
문제가 풀리지 않는 이유는
경험을 통해 해결해야 한다는 말이며,
그래도 풀리지 않는 이유는

부모라면 언제나 아이에게 더 좋은 것을 주고 싶죠. 그 숭고한 마음이 무엇보다 소중합니다. 교육이란 모두에게 좋은 것을 주입하는 것이 아니라, 아이가 스스로 자신의 능력을 발견해서 확장하는 자발적인 과정이어야 하기 때문입니다. 지난 수십년 동안 전혀 변화가 없는 동일한 자료를 모든 학생의 책상 위에 놓고 조용히 앉아 외울 때까지 일어서지 못하게 하는 교육으로는 결코 아이에게 어떤 긍정적인 영향을 줄 수 없습니다. 변화도 기대할 수 없겠지요. 이해되지도 않은 것을 아무리 반복해서 외우고 쌓아도, 그건 그 아이만의 지식으로 활용할 수 없기 때문입니다. 이제 아이들은 더 적극적으로 배워야 합니다. 일상이라는 무대는 아이들을 위해 준비되어야 하고, 그 안에서 주인공은 언제나 아이들 자신이어야 합니다. 자신의 아이를 누구보다 뜨겁게 사랑한다면 아이 스스로 답을 찾게 해야 합니다. 그것이 가장 아름다운 사랑입니다.

작품 출처

1부. 내면의 힘과 자존감을 길러주는 용기의 언어

17p. 박성우「삼학년」
  -『가뜬한 잠』(박성우 지음 | 김효은 그림 | 창비 | 2019.5.20.)

25p. 박덕규「사이」
  -『아름다운 사냥』(박덕규 지음 | 문학과지성사 | 1995.1.31.)

65p. 나태주「내가 너를」
  -『꽃을 보듯 너를 본다』(나태주 지음 | 지혜 | 2015.6.20.)

2부. 세상을 바라보는 안목을 넓혀주는 지혜의 언어

85p. 정진아「라면의 힘」
  -『난 내가 참 좋아』(정진아 지음 | 조미자 그림 | 청개구리(청동거울) | 2008.7.31.)

101p. 유용주「시멘트」
  -『낙엽』(유용주 지음 | 박남준 외 3인 공편 | b(도서출판비) | 2019.6.12.)

107p. 김소월「엄마야 누나야」
  -『김소월 시집』(김소월 지음 | 범우사 | 2002.7.31.)

115p. 이정록「의자」
  -『의자』(이정록 지음 | 문학과지성사 | 2006.3.3.)

125p. 권태응「구름을 보고」
  -『권태응 전집』(권태응 지음 | 도종환 외 3인 공편 | 창비 | 2018.11.15.)

시보다 좋은
엄마의 말은 없습니다

초판 1쇄 발행 2021년 11월 3일 **초판 3쇄 발행** 2021년 12월 20일

지은이 김종원
펴낸이 이승현

편집1 본부장 배민수
에세이1 팀장 한수미
편집 김소정
디자인 윤정아
일러스트 엄마달

펴낸곳 ㈜위즈덤하우스 **출판등록** 2000년 5월 23일 제13-1071호
주소 서울특별시 마포구 양화로 19 합정오피스빌딩 17층
전화 02) 2179-5600 **홈페이지** www.wisdomhouse.co.kr

ⓒ 김종원, 2021

ISBN 979-11-6812-050-1 13590